肢体语言的秘密

行为心理学

王邈 著

四川文艺出版社

图书在版编目（CIP）数据

肢体语言的秘密：行为心理学/王邈著. -- 成都：四川文艺出版社，2022.10
ISBN 978-7-5411-6440-8

Ⅰ.①肢… Ⅱ.①王… Ⅲ.①身势语—心理学—通俗读物 Ⅳ.①B84-063

中国版本图书馆CIP数据核字（2022）第166870号

ZHITI YUYAN DE MIMI　XINGWEI XINLIXUE
肢体语言的秘密：行为心理学
王 邈 著

出 品 人	张庆宁
责任编辑	邓艾黎
封面设计	叶 茂
内文设计	史小燕
责任校对	段 敏
责任印制	喻 辉

出版发行	四川文艺出版社（成都市锦江区三色路238号）
网　　址	www.scwys.com
电　　话	028-86361802（发行部）　028-86361781（编辑部）
邮购地址	成都市锦江区三色路238号四川文艺出版社邮购部　610023
排　　版	四川胜翔数码印务设计有限公司
印　　刷	成都蜀通印务有限责任公司
成品尺寸	145mm×210mm　　开　本　32开
印　　张	9　　　　　　　　　字　数　180千
版　　次	2022年10月第一版　　印　次　2022年10月第一次印刷
书　　号	ISBN 978-7-5411-6440-8
定　　价	42.00元

版权所有·侵权必究。如有质量问题，请与出版社联系更换。028-86361795

前　言

到今年为止，我研究肢体语言已经近20个年头了，其间做过大量的实验调查，写过多部相关学术专著，应邀参加过公安部门的案件侦破，开发过成套的系列课程，也给公检法、纪委监委、部队和武警系统以及肢体语言的兴趣爱好者讲授过近200场相关课程，还差点上了中央电视台的《挑战不可能》栏目。这些年来，我曾多次对各种重大事件中的新闻人物做过肢体语言视角下的心理分析，积累了不少实战案例，理论上有个人的见解，技术上也不断有新的突破，基本上形成了个人的技术体系，于是，我就萌生了一个新的想法：为我所研究的肢体语言技术命名！

国内外研究肢体语言的专家学者很多，有些人将其命名为微表情读心术，有些人将其命名为微反应读心术，那么，我该为自己的肢体语言技术起一个什么样的名字，才能既与他们区分开，又能体现个人的特色呢？经过深入思考，我最终决定将我所研究的肢体语言技术命名为"启动图式读心术"，简称"图式读心术"。

先简单解释一下为什么把肢体语言分析技术叫作读心术。很多人对"读心术"这三个字充满好奇心,觉得它很有神秘感,其实,读心术就是肢体语言分析技术,即借助对肢体语言的分析来判断人的心理状态,预测人的行为动向。接下来,我将重点解释的是为什么要用"启动图式读心术"来命名。

日常生活中,人人都应该有过化险为夷的经历,比如,躲过一个突然迎面飞来的皮球,在快要追尾的瞬间紧急刹车,迅速接住从手中坠落的物品……诸如此类,不胜枚举。在紧急关头,人们为什么会有如此敏捷的"身手"呢?从理论上讲,当危险刺激出现时,人会通过眼睛、耳朵等感觉器官快速获取信息并传送至大脑,大脑会对这些信息快速分析,然后得出结论,将指令通过神经系统传递至四肢,并驱动其执行命令。据推算,如果用目前世界上最先进的电脑来处理这些信息,至少也需要两三秒钟的时间。而人能在极短的时间内,对现实中出现的危险情况做出快速而且正确的反应,一定是在人的大脑里预存着一个自动反应程序,而这个程序里一定集成着各种刺激情境以及相应的肢体行为反应模式。在人类发展的历史长河里,这个程序经过各种类似情况的反复检验,已经被修改得非常简单、快速和高效了。

当然,在人类的大脑中,不是只有一种程序,而是有一个复杂的程序数据库,这个数据库里预存着各种各样的已经命名过的程序。每当现实中出现一种情境时,大脑的快速评估中心就会自动运行,立即将感觉器官所摄取的信息与大脑程序数据库中的已经命名的程序进行综合对比分析。当发现两者有相似特征或完全匹配时，这个程序就会自动启动并执行。认知心理学将这一现象称为启动效应。所谓启动效应，就是执行某一任务对后来执行同样的或类似的任务的促进作用，表现为反应时间缩短和准确率提高等。

写到这里，我已经不想再用"程序"这个词来描述上述的情况，因为，"程序"这个词是从计算机科学领域引用来的。在心理学领域里，有一个更为贴切的术语来替代，这个词就是"图式"。图式的概念最初是由德国哲学家康德提出的。康德认为，图式是一种先验的范畴，图式是潜藏在人类心灵深处的一种技术或技巧；当代著名的瑞士心理学家皮亚杰把图式看作包括动作结构和运算结构在内的从经验到概念的中介，认为图式是主体内部的一种动态的、可变的认知结构；而现在认知心理学认为，图式是人脑中已经历过的、有组织的、可重复的知识经验网络。

到目前为止，关于图式的定义，以上三种最权威、最科学、最具代表性。

至此，我们可以大胆地得出结论，在上百万年进化的过程中，所有利于人生存和发展的生活经验最终都凝结成图式，印刻在人的大脑里，固化于基因片段之中，世代相传，生生不息。这些图式大致可分为两种：一种是原始图式，就是与人类生存和繁殖相关的图式——这种图式是在人类进化过程中形成的，稳定性好，变异性差，其中已经打包了各种不同的刺激情境以及人在这些情境里的正确反应，并且经过长期的实践检验，不断地优化，以至于人最终可以在极短的时间里对外界出现的情况做出本能的、正确的反应，而这些反应全都是与人类性命攸关的；另一种是认知图式，即与人类适应与发展相关的图式——这种图式是人在后天适应社会和求得发展过程中学习得来的，内容丰富，持续更新，是人类适应社会的生存技能的集合。换句话说，人们关于某项技能方式的所有知识和经验的集合，就可以看作是这方面的图式。这两种图式共同帮助人们去处理现实中不断出现的各种老情况和新情况，最终让人类得以适应生存环境、适应社会发展，顺利地一代一代地繁衍和传承。

本书试图通过系统地向大家讲述肢体语言分析的理论、技术、案例，在读者的大脑中建立一套肢体语言分析的认知图式。这样，当有人在我们面前表现出某种肢体语言的时候，与肢体语言分析相关的认知图式就会自动启动，从而让我们在最短的时间内读懂对方的肢体语言。

认知图式建立的基本套路是先理论学习，再技术训练，然后是案例分析，最后是实践检验。本书就是按照这样的方式来写作的，基本符合认知图式建立的规则。建议读者从第一页看到最后一页，中间不要有跳跃，与此同时，还要不断地将书中所提到的技术还原到生活中，应用到实践中。我相信，经过一段时间的努力之后，读者的大脑中一定会建立起肢体语言分析的认知图式，当有人在你面前表现出各种肢体语言时，你一定能在最短时间内准确识别。

本书所讲的理论和技术在纪检监察、刑事侦查、安检保卫、商务谈判、人力资源、行政管理以及心理咨询等诸多领域都有广泛的应用。读者通过学习本书，可以从理论和实践两个层面加深对肢体语言的认识，不仅能提高察言观色的敏锐度，还能增强读心识谎的可靠性，更重要的是有助于系统、快速地培养读者分析肢体语言的意识，对全面提升个人情商、改善人际沟通质量具有现实的指导意义。

最后，我还要特别说明，在本书校对的过程中，管书会、朱平、王瑞、巨晓璇四位老师认真负责、高效务实，付出了艰辛的努力，对本书的顺利出版做出了重要的贡献，在此表示感谢！另外，还要感谢长期以来支持和关注我的各位朋友，你们的鼓励和关注是我前行的动力！

祝大家阅读快乐，学有所获！

王 逸

2022年5月12日于甄言堂

目 录
CONTENTS

第1章　揭开肢体语言神秘的面纱

一、走近肢体语言　004

二、探寻肢体语言的起源　005

三、佛像肢体动作的意蕴　009

四、孔子如何解读老子的肢体语言　011

五、动物也能读懂肢体语言　013

六、肢体语言不说谎　015

七、人类有三个大脑　017

八、边缘系统的四种行为反应　021

九、认识人类的精神结构　024

十、人类潜意识的十大特点　026

十一、研究肢体语言有两条捷径　033

十二、肢体语言分析的四项基本原则　035

十三、女性是天生的行为心理分析师　038

十四、行为心理分析师的成长之路　040

十五、憧憬肢体语言分析技术的未来　041

第2章　揭开面具见人心

一、认识情绪情感的生理机制　047

二、表情是人心的面具　050

三、识别八种基本面部表情　052

四、微表情：见微知著的快捷方式　066

五、碎表情：内心矛盾的集中体现　070

六、杂表情：多种情绪的综合表达　072

七、面部表情百态　073

八、无敌的微笑　075

九、用你的左眼看他的右脸　079

十、行为心理分析师的人格面具如何训练　082

第3章　观眼识人心

一、认识我们的眼睛　087

二、从眼球转动读懂人心　091

三、眼球转动的相关实验证据　107

四、透过瞳孔看人心　110

五、眼去眉来泄露天机　114

六、眨动的眼睛会说话　118

七、观眼识人的"秘诀"　120

第4章　探访"耳鼻喉科"

一、倾听耳朵中传来的心理信息　125
二、用鼻子嗅出心理的味道　128
三、抚摸颈部泄露谎言线索　133

第5章　嘴巴没有说出来的秘密

一、噘着嘴——在犹豫不决中思索　139
二、紧闭嘴——我要为你守口如瓶　141
三、咬嘴唇——在压力状态下守住秘密　142
四、手捂嘴——坚决保守秘密　144
五、舔嘴唇——在焦虑中自我安慰　146
六、咬牙齿——愤怒爆发前的征兆　147
七、吮手指——未得到满足时的自我安慰　148
八、打哈欠——对当前事物缺乏兴趣　151
九、咽口水——隐瞒重要的信息　153
十、吐舌头——拒绝、厌恶及紧张　154
十一、看嘴识人的秘密　157

第6章　头头是道

一、点头——你的观点我赞同　161
二、摇头——我不同意你的观点　163

三、扭头——我对你说的话没有兴趣　166

四、低头——我错了　168

五、仰头——是敬仰也是愤怒　169

六、观头形然后识人性　172

第7章　握手读心

一、握手源自中世纪的欧洲　179

二、中国式握手礼仪　182

三、合作式——真诚合作　185

四、欢迎式——热烈欢迎　186

五、恭敬式——毕恭毕敬　187

六、单刀式——积极真诚　188

七、下压式——气势压人　189

八、下挫式——挫其锐气　191

九、拽拉式——拉拢控制　192

十、半握式——缺少诚意　193

十一、包裹式——完全掌控　194

十二、多指式——蔑视对方　196

十三、缠臂式——深度合作　197

十四、擒拿式——主动控制　198

十五、击掌式——合作默契　199

十六、成功式——合作愉快　200

十七、僵化式——缺少感情　201

十八、抓腕式——轻度控制 202

十九、抓肘式——深度控制 203

二十、抓肩式——绝对控制 204

二十一、关怀式——真心慰问 206

二十二、坐握式——友好和谐 207

二十三、走握式——没空理你 208

二十四、藏握式——傲慢无礼 209

二十五、拒握式——不想理你 210

二十六、交叉式——都是朋友 211

二十七、碰肘式——以碰为礼 212

二十八、握手中的左侧优势 213

二十九、如何在握手中反败为胜 216

第8章　手臂变化折射心理秘密

一、半折臂——犹豫不决 221

二、单抱臂——心存顾虑 223

三、双抱臂——完全拒绝 224

四、交叉手——自我安慰 226

五、双吊臂——低头认错 228

六、双摊手——无可奈何 229

七、双推手——阻挡保护 230

八、双飞臂——完全接纳 231

九、双插手——漠然视之 233

十、双背手——另有企图 234
十一、双叉手——进攻与支撑 236
十二、神奇的手臂触碰 237
十三、温暖的拥抱 241
十四、距离是人际关系的标尺 244

第9章　心随"腿"动

一、认识忠实可靠的"腿" 251
二、自在腿——舒适自然 254
三、秋千腿——心情愉快 255
四、交叉腿——不能接受 256
五、二郎腿——充满攻击 258
六、"4"字腿——敌意满满 260
七、胆怯腿——有点害怕 262
八、转向腿——先走一步 264
九、冻结腿——心生恐惧 265
十、屏障腿——消极防御 267
十一、领地腿——我的地盘 268

后　记 270
参考文献 273

第 1 章
揭开肢体语言神秘的面纱

如果你用眼睛去看、耳朵去听,

我相信,没有一个凡人能保守秘密。

如果他的双唇紧闭,指尖也会交谈,背叛无孔不入。

——[奥]西格蒙德·弗洛伊德

在人类漫长的进化过程中，早已形成了一种心灵深处的心理倾向，即人们都想比他人获得更多的资源，比他人拥有更多的支配权，对他人具有相对的控制权，从而使自己处在一种更优越的地位。这种心理倾向表现在工作中，就是努力上进，追求卓越；表现在生活中，就是人人都在比拼赶超，追求幸福；而表现在沟通交流中，我们便可以看到人们都想知道比他人更多的信息，想知道他人是否在欺骗自己。众所周知，人是一种社会的动物，与他人交流沟通是人们生存的基本手段和重要内容。在此过程中，人们已经习惯于通过语言来获取信息，而实际上，仅凭语言来获取的信息是极其有限的，而且很可能会上当受骗。研究表明：大量真实且有效的信息都是通过肢体语言来传递的。只有那些能够借助肢体语言巧妙洞察对方内心动态的人，才能在交流中始终处于优势地位。那么，如何才能不动声色地洞察对方内心的想法，在交流沟通中获得信息上的绝对优势呢？这个秘密就隐藏在纷繁复杂的肢体语言当中。

一、走近肢体语言

肢体语言，又称身体语言，是由身体的各种动作代替语言本身来表情达意的一种特殊语言。肢体语言有广义和狭义之分。狭义的肢体语言是指通过头、眼、颈、臂、肘、手、身、胯、腿、足等人体部位及其组合形式向沟通对象传递信息的一种语言形式；而广义的肢体语言除了包括躯干与四肢传递的信息之外，还包括了面部表情所表达的意义。在本书中我们将重点为大家介绍广义的肢体语言。

法国著名的精神分析学家雅克·拉康曾经说过："语言是用来欺骗它的倾听者的。"假如人类没有进化出语言，人类将永远不会有欺骗。语言的产生起初不是为了欺骗，而是为了高效地沟通，但是语言却在人类沟通过程中最终成为人们相互欺骗的便捷工具。1967年，美国著名心理学家、传播学家艾伯特·梅拉比安等人经过大量的实验，提出了一个著名的公式：人类在沟通中全部的表达信息=7%语言信息+38%声音信息+55%肢体语言信息。从这个公式中，我们不难发现：在交流和沟通时，肢体语言传递的信息是最丰富和最重要的。比如，在人们的沟通和交流当中，常常用鼓掌表示同意、欢迎，用摇头代表否定、不同意，用搓手表示焦虑、紧张，用垂头代表沮丧、消沉，用摊手表示无奈、无助，用捶胸代表痛苦、难过，等等。人类在很早就已经知道了如何用语言来欺骗他人，却没有进化出用肢体语言欺骗他人的机能，因此，分析解读肢体语言非常有价值——我们既可以借此来探查沟通对象的内心想法和真实意图，还可以借此来判断其在交流过程中是否说谎。

早在1644年，约翰·布尔沃就曾在肢体语言方面做过一些研究，并出版了专著《手势研究：手部的自然语言》，这本书被视为人们对肢体语言的开创性研究，但在当时却并没有引起更多人的关注。19世纪70年代初，达尔文在其专著《人类和动物的表情》一书中，用科学的方法对人类和动物的表情进行了细致的研究，从此，将肢体语言的研究引入了科学的殿堂。直到1970年，朱利叶斯·法斯特出版了著名的《体态语言》一书，才使得人们真正注意到肢体语言的重要性，从此打开了人们研究肢体语言的大门。进入20世纪后，人们对肢体语言的研究达到了前所未有的高潮，开始将现代科技发展成果引入对肢体语言的研究当中，对人类的肢体语言及相关领域进行了深入研究和探讨，并涌现出像舍夫兰、尼尔森、赫斯、艾克曼等一大批肢体语言研究专家、微表情专家和识谎专家。但在国内，专门研究肢体语言的专家学者仍然屈指可数，有建设性的学术研究成果更是少之又少，且大多数成果缺少本土化特色。

二、探寻肢体语言的起源

关于肢体语言起源的问题，在学术界一直存在争议，至今仍没有定论。有学者认为，肢体语言是由遗传基因决定的；有学者认为，肢体语言是由文化环境决定的；也有学者认为，肢体语言是由遗传和环境共同作用的；还有学者认为，基本的肢体语言是遗传的，而特殊的肢体语言是后天习得的；甚至有极少数学者认为，肢体语言是由人的主观愿望决定的。那么，肢体语言究竟是由什么决定的呢？

韩振锋在其著作《中外名家论演说》中曾经引用了俄国文学家阿·托尔斯泰对肢体语言的描述："最初本来是没有语言的。当人们还过着半野兽似的生活的时候，他们总是打手势，发出一些声音，作出表示危险或好感的信号。总之，他们完全像聋哑人那样表示个人的意愿。后来，这些手势的作用同声音结合在一起，并且从声音中产生出词汇，最后才产生出有联系的语言。"[1] 由此，我们可以展开丰富的联想，在远古时代，当人类还不能直立行走的时候，只能依靠肢体动作来传递信息，同时还会伴有一些声音，就像婴儿咿呀学语时所发出的声音一样，似乎是在为肢体动作进行最直接的解释，而当这些声音进化成语言的时候，它们和肢体动作之间就形成了相对稳定的匹配关系。当某种声音发出的时候，必然会配合相应的肢体动作，我们现在仍然可以从人们日常交流时的肢体语言中，看到肢体动作和语言之间关系的雏形。比如，当我们对某人说"你过来一下"，通常会伴有招手的动作，

---

[1] 转引自刘立祥：《演讲学十一讲》，西安：陕西人民出版社，2010年6月，第103页。

而我们让人走开的时候，则会伴有摆手的动作；同意的时候，会配合点头的动作，而不同意的时候，则会辅之以摇头的动作。显然，语言本身和肢体动作的意思是一样的，经过反复结合使用之后，无论是肢体动作，还是口头语言，任何一种形式出现，我们都能明白其中的意思。这样一来，沟通就变得高效而方便，肢体语言的意义也就此被确定下来，并在生活中广泛使用。这或许是关于肢体语言起源的最为合理的推断和解释了。

在19世纪70年代初，英国生物学家、进化论的奠基人、"现代人体语言研究之父"查尔斯·罗伯特·达尔文发表了研究人类肢体语言的专著——《人类和动物的表情》。在书中，达尔文指出，灵长类动物的表情是与生俱来的。显然，达尔文的观点支持遗传决定论，在当时，遗传决定论非常流行，很多人都对此表示认可。

后来，德国科学家艾贝乐·艾伯费尔德研究发现，那些天生失聪及天生失明的孩子生来就会微笑，完全无须经过后天的学习和模仿。这一事实说明微笑也是一种天生的本能，同时也间接地说明与微笑相类似的基本表情应该具有先天的遗传倾向。

20世纪60年代中期，美国心理学家、识谎专家艾克曼、福瑞森和瑟瑞森通过对生活在五种不同文化氛围中的人的面部表情和动作进行研究发现，人类的七种基本情感反应，表现在表情上的时候是完全一致的。换句话说，无论是北美的白色人种、非洲的黑色人种、亚洲的黄色人种，抑或是大洋洲的棕色人种；无论是居住在发达国家大城市的高官显贵，还是居住在发展中国家偏僻乡村的普通百姓，抑或是居住在原始森林的部落族人，他们在愉快、悲伤、蔑视、愤怒、厌恶、惊讶、恐惧这七种基本的表情反应上并没有本质的差异。这说明，人们在表情的表现形式上存在基本的共通性，换句话说，人类表情具有遗传性的说法是有科学依据的。艾克曼等人的结论有力地支持了达尔文的观点，并成为遗传决定论的另一个重要理论支撑。

作为肢体语言的一个重要组成部分，面部表情虽然具有共同性和普遍性，但这并不代表所有的肢体语言都完全是由遗传决定的。关于肢体语言的跨文化研究表明，在肢体语言的表达习惯和外部表征上，世界各地因文化环境和传统习惯的不同而存在很大的差异。比如说，要表示同意、认可或允许的意思，在中国、日本、美国、法国、澳大利亚等大多数国家都可以用点头来表示，但在尼泊尔、斯里兰卡等一些国家，却是用点头来表示反对、否定和批评的。即便是在同一个国家，由于各地区的风俗习惯、文化传统、宗教信仰有所不同，也会对相同的肢体动作有不同的理解。比如，在我们国家，陕西、河南、北京等绝大多数地区，伸出大拇指表示赞美和表扬；而在西藏、云南、四川等地区的公路上，尤其是在川藏线上，行人向过往车辆伸出大拇指则表示另一种想搭便车或求助的意思。

因此，我们说，肢体语言的产生不仅仅是受遗传因素决定，还受环境因素影响。从这个角度来讲，遗传与环境共同决定论可能更具有说服力。

三、佛像肢体动作的意蕴

佛教文化作为中国传统文化的一个重要组成部分，其思想和内容早已根植于中国人的集体潜意识中。佛像的肢体动作丰富多彩，且具有一定的连续性、稳定性和普遍性。"佛像的出现使得佛教信徒的宗教信仰和宗教狂热有了具体的膜拜对象，也使得宗教意识、宗教教义的基本内容有了形象化、具体化的表现载体。那林林总总千姿百态的佛像世界，昭示着教徒和造像者的执着和虔诚，也展示着佛国世界的奥妙与风采。"[1]探索佛像肢体动作的意蕴，对于理解和分析人类肢体语言具有重要的启发作用。

据考证，佛教的造像艺术始于公元前后，盛行于9世纪中叶，在此后的1000多年时间里长盛不衰，直至今日。在中国，几乎所有寺庙里的佛像都有着相同或相似的布局。踏进寺庙大门，首先映入眼帘的就是天王殿，在天王殿里，我们一眼就能看到笑容满面的布袋和尚，他永远都是笑口常开，欢迎四方宾客前来烧香拜佛。如果我们想知道寺院是否欢迎宾客入寺挂单，只需要看一看同布袋和尚背向而立的韦驮菩萨的造像动作，便一目了然了：如果韦驮菩萨的降魔杵扛在肩上，表示所在寺庙是大寺庙，可以招待云游到此的和尚免费吃住三天（图1-1）；如果韦驮菩萨双

---

[1] 刘立祥：《演讲学十一讲》，西安：陕西人民出版社，2010年6月，第105页。

手合十，并将降魔杵横在胸前，这表示这个寺庙是中等规模寺庙，可以招待云游到此的和尚免费吃住一天（图1-2）；如果韦驮菩萨的降魔杵立在地上，表示这个寺庙是小寺庙，不能招待云游到此的和尚免费吃住（图1-3）。

穿过天王殿，进入大雄宝殿和罗汉堂，我们便能看到摆出各种不同造型的佛像，或嗔或痴、或立或卧、或坐或仰、或笑或怒，每一个肢体动作都被赋予了相应的意义和内涵，反映着佛陀的独特想法和心愿。

由此可见，在佛教文化里，佛像的肢体语言有着无可替代的意义和作用，随着历史的发展，已经逐渐渗透到人们的集体潜意识中，成为文化的一部分。了解佛像肢体动作的意义，有助于我们更好地理解日常生活中的肢体动作，对于分析人类肢体语言的意义具有非常重要的借鉴意义。

图1-1　降魔杵扛于肩上　　图1-2　降魔杵横在胸前　　图1-3　降魔杵触地而立

四、孔子如何解读老子的肢体语言

中国人对肢体语言的分析和理解由来已久。早在两千多年前,司马迁在《史记·孔子世家》中曾详细记载春秋时期孔子问道老子的历史典故。这一典故存在三个版本:一个是史书上记载的史实,我们称之为文字语言版;另一个版本鲜为人知,但却在西安楼观台当地民间流传了多年,只有到中国道教祖庭圣地楼观台参观的游客,才有可能亲耳聆听这一传世版本,这个版本,我们称之为肢体语言版;第三个版本是西安通信学院原教授刘立祥曾在其著作《演讲学十一讲》中讲述的这个故事,我们暂且称之为刘立祥教授版。前面两个版本在这里就不多说了,在此,以原文引用的形式来说一说刘教授在书中是怎么描述这一历史事件的。

据说孔子作《春秋》,遇到了种种难题,遂率弟子三五人,驱车西行,到楼观向老子求教。

孔子一行来到楼观的时候,老子正在闭目打坐。孔子赶忙毕恭毕敬地上前施礼,说明来意,然后带领弟子退到一旁恭候垂教。老子却依旧旁若无人般闭目养神。幸亏孔子有耐心,诚惶诚恐地和弟子垂手侍立于老子身边,不敢有丝毫懈怠。从日上三竿一直等到夕阳西下,老子才把闭着的双眼稍稍掀开一点儿缝隙,张开空洞洞的嘴巴,用手指了指；伸出舌头，又用手指了指，随后又继续闭目打坐。

弟子们有些按捺不住，欲上前再向老子问些什么，孔子抢先一步拦住弟子，赶忙向老子施礼辞行，率弟子别楼观东归。

返回途中，弟子们对老子颇有微词，孔子却异常兴奋，感叹千里求学，不虚此行。他对弟子们说：老子的博大精深是我等望尘莫及的，他谆谆教诲我们，牙齿是坚强的，但又是软弱的，如若不信请看看这空洞洞的嘴里还有貌似坚强的牙齿的影子吗？舌头是软弱的，但又是坚强的，请看这貌似软弱的舌头至今仍然完好无损。老子把刚柔、强弱的辩证关系说得多么深刻透彻呀！弟子们这才恍然大悟。

孔子向着楼观的方向深深鞠了一躬，仰天长叹："鸟，吾能知其飞；鱼，吾能知其游；兽，吾能知其走。走者可以为罔，游者可以为纶，飞者可以为矰。至于龙，吾不能知，其乘风云而上天？吾今日见老子，其犹龙邪！"[1]

由此，我们不难发现，早在遥远的古代，先哲圣贤们就已经学会运用肢体动作来传递思想和情感，来表达深刻的思想和哲理，同时，也早就懂得了如何准确理解他人肢体动作所传递的意义。

---

[1] 刘立祥：《演讲学十一讲》，西安：陕西人民出版社，2010年6月，第104页。

五、动物也能读懂肢体语言

20世纪初,德国一匹名叫汉斯的马曾经引起世人的高度关注,原因是这匹马会算算术。到底是怎么回事呢?这还得从汉斯的主人威廉·冯·奥斯滕说起。奥斯滕是一位退休的中学教师,平时深居简出,很少与人交往,但却非常喜欢和马打交道。1901年,他买下了一匹马,并取名为汉斯。奥斯滕一直想弄清楚:通过给马进行系统的授课,马的思维能力究竟能发展到什么程度。于是他开始尝试给汉斯上算术课。没过多久,就发生了令人吃惊的事情:汉斯居然学会了自己敲着蹄子数数!只要主人把一个数字写到黑板上,并大声地读出这个数字,汉斯就能用蹄子在地板上敲出相应的数字。比如,主人在黑板上写一个数字5,然后大声地读出来,汉斯就会用蹄子在地板上敲5次。更令人吃惊的是,经过主人的耐心训练,又过了一段时间,聪明的汉斯居然掌握了4种基本的数学运算,当人们对汉斯说出一些算术题目时,它会用蹄子准确地敲出答案。除此之外,汉斯还学会用敲击蹄子的方式把每个字母翻译成数字代码。具备超强算术能力的汉斯在德国各地进行了多场表演,还上了许多电视节目。

很快,汉斯的表现就引起了动物学家和心理学家的高度关注。柏林心理研究所的一位年轻研究人员奥斯卡·普冯斯特经过反复实验,最终揭开了其不为人知的奥秘。普冯斯特在研究汉斯时注意到,每次当马开始踏步数数时,奥斯滕都会漫不经心地做出一个令人几乎无法察觉的点头动作。当汉斯踏到正确数目时，奥斯滕就会微微地抬一下头，似乎对汉斯的出色表现感到敬佩和惊讶。汉斯正是由此而得到了准确的信号，知道自己算对了，于是就停下来。例如，让汉斯计算"7+2＝？"时，它听到题目后就开始用蹄子踏地。刚开始，奥斯滕会肌肉绷紧，双唇紧闭，目光一直盯着汉斯的蹄子，一副很紧张的样子，但是当汉斯踏到第九下时，奥斯滕的紧张表情一下子就放松下来，同时嘴角也会露出一丝满意的微笑。看到主人的这副表情，汉斯立刻就明白应该停下来了。这就是汉斯算算术的完整过程。

汉斯不仅能从主人身上获得有效的肢体语言信息，还会通过观察周围观看者"下意识发出的信号"来得到正确答案的线索。比如，每当汉斯的蹄子敲击到正确的次数时，观众都会做出一些下意识反应以表示赞叹和吃惊，看到这些表情时，汉斯就会停下来。所以，事实的真相是，奥斯滕并非有意欺骗大家，汉斯也并不是真的就具有计算能力。但是它确实具备另一种特殊能力——敏锐的观察能力，这种能力能让它轻易读懂人们的肢体语言，从而获得微妙的提示，借以"计算"出正确的结果。

除了聪明的汉斯，后来在世界各地还陆续出现了懂得四则运算的狗、会高难度算术的小猴等等，其根本原因都是一样的。只要人不向它们发出肢体语言信息，它们就会变得像普通动物一样。

由此，我们可以得出两个结论：第一，肢体语言常常会泄露一个人内心深处最真实的信息，而且任何人都无法真正地完全掩饰这些信息，只要你发出信息，就一定能被捕捉到并且被解读出来；第二，人和动物一样，都具备读懂肢体语言的潜力，只是人们很少去有意识地训练和挖掘这方面的能力，如果经过认真的学习和实践，人类在肢体语言解读方面的能力完全可以超越动物。

六、肢体语言不说谎

人是一种会说谎的动物，嘴巴是说谎的功能器官；人又是一种实诚的动物，肢体语言从来不说谎，它只会诚实地表达自己的想法。经常有人问我："所有的肢体语言信息都是真实可靠的吗？""我们能不能在肢体语言上做手脚呢？"等等诸如此类的问题。若要完全搞清楚，我觉得首先要搞清楚肢体语言产生的缘由。

那么，肢体语言是怎么产生的呢？从大的方面来讲，肢体语言的产生主要与两个方面因素密切有关：一是来自外界的信息刺激；二是来自内部的信息刺激。来自外界的信息刺激主要指经过感觉器官进入大脑的刺激，比如，突然听到刺耳的声音，猛然看到一个足球朝向自己飞过来，等等；来自内部的信息则是指经过人的内部感觉器官进入大脑的信息刺激，比如，身体某个部位突然出现的疼痛感或不适感。不管是来自内部还是来自外部的信息刺激，最终都会汇集在大脑神经中枢系统，催生相应的肢体语言。我们可以认为，肢体语言是人脑对来自内外的信息刺激加工的最终结果和外在表现，是人体对主客观环境做出的适应性反应，所以，肢体语言是真实可靠和值得分析的。

那么，我们能不能在自己的肢体语言上做手脚呢？研究表明：当人说真话的时候，语言、语音语调及肢体动作往往都是协调一致、流畅自然的，这一切都源于人的主观意愿和实际表达的一致性；而人在说谎的时候，尤其是在说谎的代价还比较大的时候，语言、语音语调及肢体语言的配合往往会出现许多生硬、僵化的表现，甚至还会出现矛盾的表现。举一个例子，点头常常表示"是"或"同意"，摇头表示"否"或"不同意"，如果某人想要表达否定的意思，那么，摇着头表达是最自然、最真实的表达，而摇着头回答"是"时，你会发现，他得有意识地控制一下，反应时间也会变长，而且表达也会变得很不自然。这样就很容易被人发现破绽。所以说，要想在肢体语言上做手脚，并不是一件容易的事情。

虽然，我们偶尔也可以故意做出某种肢体动作，来干扰沟通对象的判断，但不可能在整个交流过程中一直都运用各种虚假动作。那些故意而为的虚假肢体动作常常没有什么实质性的心理意义，也不是本书关注的重点，我们权且将其称为意识性肢体语言。与意识性肢体语言相对的是无意识性肢体语言，即受无意识支配的肢体动作。相比较而言，无意识性肢体语言更加值得分析，因为我们无法用意识完全左右无意识，就好比我们不能在说话时，同时要求自己的心跳的速度是多快、血压升到多高、眼球转动到哪个方向一样。我们可能会在一个时间点或一个动作上做点手脚，但如果在更长的时间范围内，在更多更连续的肢体动作里，你总会在不经意间露出马脚，因为我们无法控制所有的肢体动作一起合作说谎。正如精神分析学派创始人弗洛伊德所说："如果你用眼睛去看，耳朵去听，我相信，没有一个凡人能保持住秘密。如果他的双唇紧闭，指尖也会交谈，背叛无孔不入。"

七、人类有三个大脑

大脑是人体最重要、最神秘的一部分，它掌握着人类的一切言谈举止。我们通常认为，脑可分为端脑、间脑、中脑、脑桥、小脑以及延髓六个部分，其中，中脑、脑桥和延髓合称为脑干，处于脑的正下方；位于脑的最上方的是端脑。端脑，俗称大脑，可分为左右两个大脑半球，如图1-4所示。

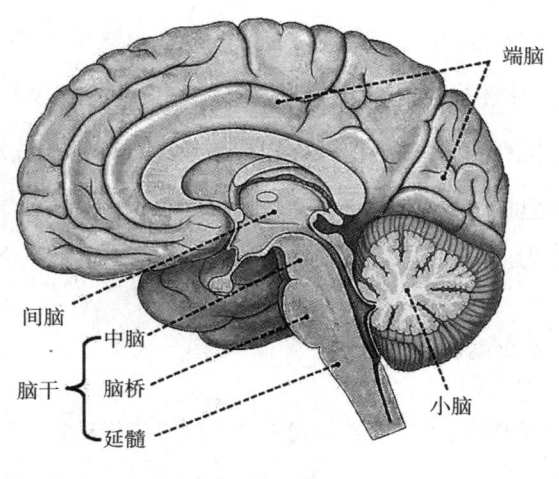

图1-4 人脑

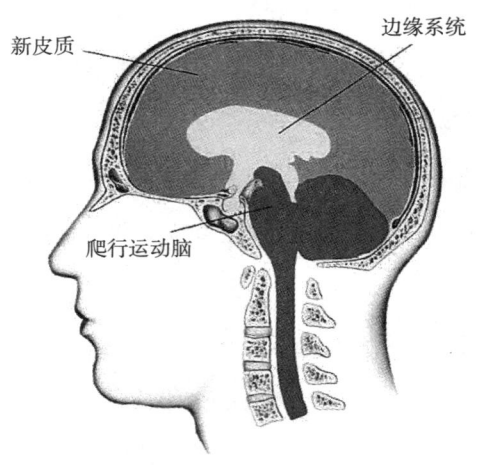

图 1-5 人类的三个大脑

但是,美国著名的神经学专家保罗·麦克里恩却认为人类有三个大脑:爬行动物脑、边缘系统和新皮质(新皮层)。这三个大脑的运行机制就像三台互联互通的生物电脑,各自拥有独立的智能、主体性、时空感与存储空间。这三个大脑作为人类不同进化阶段的产物,按照出现顺序依次覆盖在已有的大脑层之上,如同考古遗址一样,麦克里恩称其为"人脑的三位一体"构造,如图 1-5 所示。

1. 爬行动物脑

爬行动物脑即旧皮质,又称"原始(爬行动物)脑"或"基础脑",包括脑干和小脑,是最先出现的脑成分,麦克里恩称其为"R-复合区"。对于爬行动物来说，脑干和小脑对其行为起着主要控制作用，故将旧皮质称为"爬行动物脑"。在爬行动物脑操控下，人与蛇、蜥蜴有着相同的行为模式：呆板、偏执、冲动、敏感、一成不变、多疑妄想，如同"在记忆里烙下了祖先们在蛮荒时代的生存印记"。爬行动物脑控制着人身体的肌肉收缩、平衡控制，以及呼吸、心跳等自动化机能，并使人一直保持活跃状态，即使在深度睡眠中也不会休息，处于24小时全天候工作状态。由爬行动物脑所控制的肢体动作及生理变化往往都是最真实的，是意识难以控制的，当然，也是最值得分析和最有意义的。

2. 边缘系统

第一次提出"边缘系统"这个词的人是麦克里恩，1952年，他在其研究中用"边缘系统"来指代大脑中间的部分，即间脑。这部分脑与进化早期的哺乳动物脑是完全对应的，因此也叫"哺乳动物脑"。从生理结构上看，边缘系统包括下丘脑、海马体以及杏仁核；从其功能上看，边缘系统与情感、情绪、直觉、安全、哺育、搏斗、逃避以及性行为紧密相关，可以帮助人类感知客观世界的不确定性因素。边缘系统最大的一个特点是其情感系统的两极化，即爱恨分明——要么喜欢，要么厌恶，没有缓冲地带或中间状态，所以，也有人将其称之为诚实的大脑。在恶劣的进化生存环境中，几乎所有的动物都是依赖边缘系统这种诚实的反应，才能巧妙地趋利避害，得以生存。当然，也正是因为边缘系统具备这种诚实的品质，我们的肢体语言分析才有了基础的生理学依据。

3. 新皮质

新皮质是进化程度较高级的皮质，也叫高级脑或理性脑，位于脑半球顶层，它几乎将左右大脑半球全部囊括在内，还包括了一些皮层下的神经元组群。由于新皮质具有的高级认知功能，才使得人类从动物群体中脱颖而出。麦克里恩将新皮质称作"发明创造之母，抽象思维之父"，也有人将之称为爱说谎的大脑。新皮质约占据了整个人类大脑容量的三分之二，而其他动物种类虽然也有新皮质，但是相对来说很小，少有甚至没有皮质褶皱，因此，人类要比动物拥有更加复杂的功能。生理学家研究表明：左侧的脑皮质控制着身体的右侧，更多与逻辑、语言、数学、文字、推理和分析等功能相关，常被称之为抽象脑或学术脑；而右侧的脑皮质控制着身体的左侧，更多地与图画、音乐、韵律、情感、想象和创造能力有关，常被称之为艺术脑或创造脑，如图1-6所示。由于新皮质功能高级且复杂多样，因此，人类大脑所支配的肢体语言也变幻莫测，令人难以分辨。

爬行动物脑、边缘系统和新皮质三者共同构成了进化意义上的人脑。三者之间关系紧密、相互影响、相互制约，共同操控着大脑功能的发挥，缺少任何一个，大脑都将无法正常独立地运行。

图1-6　左右脑功能图

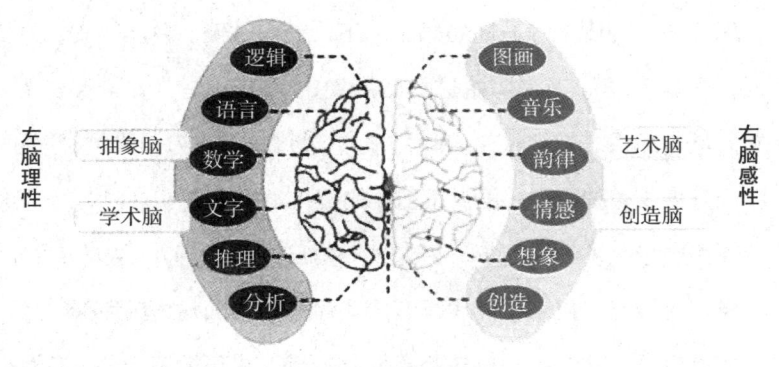

八、边缘系统的四种行为反应

在人类的"三个大脑"中，和生存关系最为密切的是边缘系统。边缘系统有三个重要特点：第一，边缘系统会遵循"趋利避害"原则，如实地对外界刺激做出反应，且不受意志的控制；第二，边缘系统长期处于"高度警戒"状态，负责与生存有关的事务，永不停歇；第三，边缘系统掌握着人类的"爱恨情仇"，左右着人类的喜怒哀乐和行为反应。比如，普通人对蛇都会有一种本能的恐惧，见到蛇之后，或回避，或逃跑，这是一种正常的本能反应，并不是靠意志就能完全控制的。记得有一次，我去西安秦岭野生动物园的蛇馆里参观，看到几条眼镜蛇不停地发出"咝咝"的声音。我告诉自己，蛇被厚厚的玻璃挡在里面，是不会威胁到我的，我完全可以把脸贴近玻璃仔细去看它，即使它向我扑过来，我也不用怕。可是，当蛇突然向我扑过来的时候，我还是忍不住，身体下意识地后倾了一下，差点跌倒。其实，无论是谁，在遇到类似于眼镜蛇这样的威胁时，即便是有安全保护措施，其边缘系统都会快速启动，并如实地做出反应，这恰恰也为我们分析人类肢体语言提供了重要的进化学依据。

在边缘系统的支配下，人对外界信息刺激的行为反应与动物一样，可谓纷繁复杂，但也是有规律可循的：面对危险刺激，不管能否应对，人的第一反应都是冻结，继而进行精确评估；假如无法应对，人就可能会产生逃跑反应；如果可以应对，人可能会选择战斗；如果逃跑未遂或战斗失败，最后就只能选择投降认输。这四种基本反应在漫长的进化历程中，已经被深深地印刻到人类的基因之中，成为生存密码的一部分，永不改变。

第一种反应是冻结，即停止一切动作、屏住呼吸、隐藏身体以减少敌人的注意，同时仔细观察、认真思考、精确评估，以尽快寻找最佳的应对方式。在现实生活中，人们的冻结反应可能表现为动作僵化、语言停顿、表情木然，此时的生理反应是肾上腺素分泌增多、心率加快、血压升高、循环加速、呼吸急促、肌肉紧绷，为逃跑做好准备。比如，你正要过马路时，一辆车冲了过来，你会在瞬间愣住，原地不动，这就是最简单最常见的冻结反应。

在冻结反应的过程中，人的大脑会飞速运转，迅速对当前刺激情境进行评估，假如评估的结果是无法应对，人就会产生第二种反应——逃跑，即让自己的身体远离刺激源，回到安全的状态下。逃跑反应的表现形式非常多，有时表现为身体或身体的某一部分逃离、倾斜或被阻隔；有时表现为脚尖的朝向发生变化，做出即将离开的姿势；有时则表现为视线的远离或头部的偏转。还拿前面的例子来说，假如你发现冲过来的车子丝毫没有停下来的意思，你可能会立即逃跑。

第三种反应是战斗。战斗反应是人们面对危险时的重要选择，它体现了人面对危险的态度和应对危险的能力。通常情况下，人们都会回避冲突，选择和平相处，但是，如果对方咄咄逼人、不依不饶，那么，战斗反应可能就是最佳的选择了。战斗反应通常表现为肢体冲突及暴力行为，那是为了获得生存和安全而做的最后的努力。如果冲过来的车子突然停下来了，你可能会在惊魂未定中大骂对方，甚至大打出手。这便是战斗反应。

第四种反应是投降。投降反应通常发生在逃跑反应和战斗反应之前或之后，是人们为了避免更为严重和危险的后果出现而采取的一种权宜策略。还用前面的例子来说，如果开车的司机是个懦弱的人，自知自己开车太快，主动求饶示好，这便是投降反应。

总之，边缘系统的四种基本反应——冻结反应、逃跑反应、战斗反应、投降反应——是肢体语言解读的进化学基础，必须牢牢掌握。

九、认识人类的精神结构

20世纪初,奥地利著名心理学家西格蒙德·弗洛伊德创立了精神分析学派,建立了精神分析的理论体系。精神分析理论认为,人的精神活动,主要包括欲望、冲动、思维、幻想、判断、决定、情感等,它们会在不同的意识层次里发生和进行,这些层次包括意识、前意识和潜意识,就好像深浅不同的地壳层次一样,故称之为精神层次或精神结构。

精神结构的最上层是意识,即自觉。凡是自己能察觉到的心理活动即是意识,它属于人的心理结构的表层,随时感知外界客观环境和刺激,用语言来反映和概括事物的理性内容。与意识相对应的人格结构是超我,即能进行自我批判和道德控制的理想化的自我,它是在儿童成长发育过程中社会规范及家庭教育对其赏罚行为中形成的,是社会法规制度、道德纪律及权威角色的赏罚影响的内化。它主要包括两个方面:一方面是平常人们所说的良心,代表着社会道德对个人的惩罚和规范作用;另一方面是理想自我,是确定道德行为的标准。超我的主要职责是指导自我以道德良心自居,去限制、压抑和控制本我的本能冲动,从而使其按照至善原则活动。

处在中层的是前意识,又称下意识,是调节意识和潜意识的中介机制。前意识是一种可以被回忆起来的,能被召唤到清醒意识中的潜意识,因此,它既联系着意识,又联系着潜意识,使潜意识转化为意识成为可能。但是，它的作用更体现在阻止潜意识进入意识上，前意识起着"监察"的作用，绝大部分充满本能冲动的潜意识被它控制，不可能变成前意识，更不可能进入意识。与前意识相对应的人格结构是自我。自我处在正中间，它是从本我中分化出来的，是受现实陶冶而渐识时务的一部分。自我充当本我与外部世界的联络者与仲裁者，并且在超我的指导下监管本我的活动。它是一种能根据周围环境的实际条件，来调节本我和超我的矛盾、决定自己行为方式的意识，代表的就是通常所说的理性或正确的判断。它按照现实原则行动，既要获得满足，又要避免痛苦。

处在最底层的是潜意识，又被称为无意识，它是在意识和前意识之下受到压抑的没有被意识到的心理活动，代表着人类更深层、更隐秘、更原始、更根本的心理能量。潜意识是人类一切行为的内驱力，它包括人的原始冲动和各种本能，以及同本能有关的各种欲望。由于潜意识具有原始性、动物性和野蛮性，与社会理性水火不相容，所以只能被压抑到最底层。但是，它从来都没有因为压抑而被消灭，它一直在暗中悄悄地活动，要求直接的欲望的满足或间接的象征性的满足。正是这些东西从深层支配着人的整个心理和行为，成为人的一切动机和意图的源泉。与潜意识相对应的人格结构是本我。本我处于精神结构的最底层，是一种与生俱来的动物性的本能冲动，特别是性冲动。它是混乱的、毫无理性的，只知道按照快乐原则行事，盲目地追求满足。

人在进行正常的语言表达时，通常有三套表达系统在大脑中同时运作，一套是超我所处的意识系统，一套是自我所处的前意识系统，还有一套是本我所处的潜意识系统。超我常常倾向于根据最理想的目标和最高的标准来表达，而本我则是倾向于根据人的本能需要和真实情况来表达，自我的主要任务就是协调本我与超我之间的矛盾。当自我足够强大、足够灵活，能够协调好超我与本我之间的矛盾冲突时，整个表达过程就会显得流畅、自然、得体并且具有美感。但是，假如自我无法解决超我与本我之间的矛盾时，人就会出现诸如口误、结巴、忘词、无故停顿、肢体动作和语言表达不相称等诸多纰漏，这是自我协调失衡的结果。对于行为心理分析师来说，这些内容恰恰是最值得分析的。这些信息都是来自潜意识的，因此，深入了解潜意识的特点对于解读肢体语言至关重要。

十、人类潜意识的十大特点

从前面的分析中，我们知道，潜意识对人的行为有着隐蔽而巧妙的影响。为了更加深入地了解潜意识与行为之间的关系，我们需要对潜意识的基本特点进行具体了解，因此，我概括了潜意识的十个基本特点，具体如下：

1. 容量巨大

研究表明：潜意识的容量大小是与人的大脑神经元的数量紧

密相连的。美国数学家奥图博士经过严密的推算之后认为，一个正常人的大脑中大约拥有的神经元数量是10的15次方，如果全部用来记忆知识的话，大约可以记忆6亿本书的知识总量，相当于一部大型电脑存储容量的120万倍，约2亿个G的容量。如果人大脑的潜能随便发挥出一小半，就可以轻易学会40门外语，记忆整套大百科全书，攻读12个博士学位。由此可见，潜意识的容量无限大，可以催生无数种肢体语言。

2. 钟爱彩信

严格地讲，这里所说的彩信需要加上引号才更加准确，因为它不是我们通常所说的手机彩信，而是指那些饱含感情色彩的信息，尤其是与爱恨情仇相关的信息。这类信息最容易在不知不觉中被压抑到潜意识的某个角落里，长久存在，永不消失。而那些平淡无奇、情绪情感色彩不强烈的信息，则容易被人们淡忘，若不经复习，很快就会被忘掉。因此，如果我们想要被一个人记住，就要善于在与他或她的交往中制造更多的情绪情感体验，这样就容易给对方留下深刻的印象，被对方铭记在心里；反之，没有深刻的情绪情感体验的交往，则不容易被对方记住。如果一个人的情绪情感体验被压抑了，那么，它们并不会消失，而会找机会借由梦的形式来表达。所以在释梦的时候，千万不能忽略梦者在梦中的情绪情感体验，那是梦者理解梦的一条重要线索。

3. 不会说谎

潜意识在人格结构中，对应着本我这一部分。本我就像一个诚实但又充满欲望的小孩。如果没有自我的监督、检查，超我的压制、约束，潜意识会随时随地如实地将自己看到的、听到的、想到的直接表达出来，而不考虑表达之后会产生什么结果，就像襁褓中的婴儿一样，饿了就吃，吃饱了就睡，感觉不舒服就哭，不管外面发生了什么。正是由于潜意识的这一特点，所以人类的内心深处，都有一种实话实说、如实反映自己内心想法和各种欲望的本能冲动。只不过有些时候，由于前意识和意识的存在，潜意识需要将自己的本意改头换面，才会被允许表达。梦就属于这种表达方式中的一种重要形式，而释梦，恰恰就是帮助人们将改头换面后的潜意识还原成本来的面目，让人们更好地了解自己的真实想法。

4. 善于伪装

虽然潜意识不会说谎，会如实反映事物本来的面貌，但是由于人类要适应各种复杂的社会生活环境，如果实话实说、直接表达自己内心的欲求，可能会引起很多问题，因此，为了既能够满足本我的需要，不至于引起本我的焦虑，又能够适应客观现实环境，满足外部世界的需求，潜意识在表达时会由于自我防御机制的启动而做出一个权宜之计，那就是对说出来的话进行伪装，即变换原来的真实面目之后再表达。说谎就是潜意识伪装的一个重要手段。好在肢体动作无法伪装，它始终是如实表达的，因此，我们可以通过分析肢体语言来揭开谎言的面具，准确地判断个体是否在说谎。

5. 警惕性高

潜意识不会随意开放，让外界信息自由进入，它是非常警惕的。在潜意识之上，有前意识的筛选和过滤，还有意识的监督和检查，一般信息无法直接影响到人的潜意识，但是在下列三种情况发生时，外界信息可悄悄进入潜意识：一是在持续的弱刺激作用下，比如许多奢侈品店常常会播放轻柔低沉的潜意识音乐，来以此降低产品的推销难度；二是在注意力非常集中的时候，比如人在听精彩报告或课程的时候，潜意识通常也是开放的；三是突然而至的强刺激出现时，比如催眠技术中有一种独特的催眠手法，叫大喝一声式催眠法，就是利用瞬间的强刺激来直接作用于人的潜意识。在这三种情况下，潜意识都会打开，此时信息就会直接作用于潜意识，从而左右人的行为。

6. 两头开放

虽然人的潜意识是非常警惕的，不会随意开放，但是，由于生物钟的影响，在晚上入睡前和早晨醒来后这两个时段，潜意识会自然开放，大脑接收到的信息可以直接作用于潜意识，进而影响人的行为。我们生活中常说的"枕边风"就是这个原理，枕边风常常会直接吹进人的潜意识里。利用这个原理，犯罪分子常常在早晨或深夜以一条短信或一通电话来诈骗人们的钱财。正是因为这个原理，我们要在晚上入睡前和早晨醒来时尽可能地对孩子和爱人说一些鼓励表扬的、入耳动听的话，而不要说一些辱骂批评和挖苦讽刺的话，因为，此时无论说什么话都会进入潜意识，并被对方记住，从而长期影响人们的情绪和行为。

7. 需要肯定

就像小孩子都喜欢表扬一样，潜意识也对肯定的、积极的言论非常偏爱。当我们持续对一个人用肯定的语气说话时，往往容易把对方的潜意识打开。在日常生活中，那些善于溜须拍马、阿谀奉承的人常常会在拍完马屁之后才提出自己的问题和请求，并且总能得到对方的同意和认可，其原因之一就在于其操作步骤非常得法，先通过"拍马屁"将对方的潜意识打开一个"缝"，然后将内容输送到对方的潜意识中。只要将所拍的内容送到对方的潜意识中，这些内容所传递的信息就会起到预定的作用。

8. 瞬间插入

前面我们说过，当人的注意力高度集中时，潜意识就会开放。但是，这个时候潜意识不是全面开放，而是以"缝隙"的形式开放，所以，外界信息要想进入潜意识，通常不是单刀直入，而是通过瞬间插入的方式进入的。调研专家维卡瑞在美国新泽西北部的一家电影院里做过一个实验，他事先准备了一部特别的放映机，在电影《野餐》(Picnic)放映过程中，他用一部特别的放映机以很微弱的强度在银幕上映出"喝可口可乐"或"请吃爆米花"字样，并每隔5秒钟以1/3000秒的速度插入。如此一来，有意识的眼睛虽然无法注意到叠印在电影情景上的这些广告信息，但"无意识的眼睛"却已经"读到"并记住了这些信息。在1957年的夏天，维卡瑞的测试取得了成功，可口可乐的销量因为潜意识广告而上升了1/6，爆米花销量的增长则超过了50%。潜意识瞬间插入的特点给了人们很多启示，瞬间插入的整点户外广告、大屏广告、报时广告、报站广告、产品营销等信息传播形式，在生活中处处可见。

9. 偏爱图像

在语言文字和视觉图像之间，潜意识对后者有一种先天性的偏爱。同样的事物，以语言的形式表达出来，就远不如直接将图像呈现在眼前令人印象深刻。比如，当你用一段文字来描述汽车的样子时，可能在听者大脑中无法留下一个完整深刻的印象，但是，如果你直接将车子呈现在他眼前，就会令他难以忘记。再想想你的初恋，你还记得他或她曾经对你说过些什么吗？可能你早都忘记了，但是，无论如何，你一定记得他或她的长相。潜意识对图像的偏爱缘于潜意识和右脑的关系比较密切。大脑的功能特点决定了对语言文字的记忆主要与左脑有关，容易存储在意识中，而视觉图像的记忆主要与右脑有关，容易存储在潜意识中。

10. 相邻相关

潜意识有一个非常显著的特点，人们很少提及，但却能经常感受到，甚至有些人在不知不觉中受其影响，这个特点就是相邻相关。相邻相关是说，人们在潜意识中会将在同一空间内发生或在时间上相继发生的事情，放到一起去分析和理解。所谓的"说曹操曹操就到""某某地方很邪乎，说什么，就来什么"，均表达了这样的意思。人们在潜意识中进行了相邻相关的逻辑推理，而在意识层面常常予以否认。这是否认的心理防御机制在起作用。举一个例子，大家就明白了。记得五年前，有几个朋友一起去了杭州灵隐寺，好多朋友进去之后都显得非常恭敬，甚至还有人上了香，但是，有一个朋友四处指指点点，显得非常不屑，不过大家都没有点破，只是用异样的目光看着他。参观结束时，大家先他一步出了寺院，他却一个人落在最后面，出门时，一不小心被门槛绊倒在地上。他趴在地上许久才慢慢起身，所幸没有伤到筋骨。让大家都没有想到的是，他爬起来后做的第一件事情不是追赶大家，而是赶紧折回去上了一炷香，这才安心出来。当时，许多人都表示，幸亏自己刚才没有对佛不敬，要不然摔倒的就是自己。其实，如果冷静分析一下，我们就不难明白：上香和摔倒这两件事情并没有本质的联系，只是在时间上相继发生，人们就会在潜意识中将两者用因果关系推理，认为两件事情的发生有着必然的联系。

十一、研究肢体语言有两条捷径

在长期研究人类肢体语言的实践中，我们发现，要想深刻了解人类的肢体语言的意义，从研究动物和小孩着手往往能突破多种因素的影响和干扰，更容易获得丰富而又真实的内容。研究动物的重点是研究灵长类动物，因为从猩猩、狒狒、猴子等灵长类动物身上，我们可以看到许多人类肢体动作进化的痕迹，由此，我们可以理解人类行为的深层意义；而研究小孩的重点是研究婴儿和儿童，因为，婴儿、儿童被社会性环境影响得最少，他们的身上保留了人类更为本能的某些肢体动作，从他们身上，我们可以看到人类肢体语言的初始意义。

先说动物。从动物身上可以看到一些人类进化过程中遗留下来的痕迹。比如，面对威胁时，在最初的一瞬间，人和动物的反应是一样的，先是一愣，然后才会根据情况来判断是战斗、逃跑，还是投降。其实，无论是人还是动物，首先面临的问题都是活下来。和人类一起进化并且存活下来的动物，在其基因中都进化出了一种特殊的求生"装置"，这种"装置"可以让其在面临生存威胁的时候，瞬间被激活。比如说，当突然发现一只老虎向自己走过来的时候，猴子会首先愣住，然后立即做出一个可以活命的决定——逃跑到最近的一棵树上。人也是这样，当突然发现一辆没有刹车的卡车向自己快速驶过来的时候，人首先会愣一下，然后会立即躲开，因为经过大脑瞬间判断的结果是，卡车如果驶过来，会威胁到自己的生命，所以必须立即逃跑。在面临危险时，人的这一系列的反应和动物身上的反应如出一辙。这一切都是大自然的杰作，是人类自然进化的关键性成果。因此，在研究人类肢体语言时，我们常常可以从动物身上看到许多更加贴近本源、更加接近实质的行为。

再说小孩。如何从婴儿身上分辨哪些行为是遗传的，哪些行为是后天环境影响的呢？我们可以通过观察找到答案。如果仔细观察，你会发现婴儿一生下来，不需要任何人教，就会吃奶，如果吃饱了，再去喂的时候，婴儿会把头扭到一边，以表示拒绝。这个动作在成人身上也能观察到，当我们对某件事物表示不认可、不接受时，常常会以扭头来表达。甄言堂研究人员曾对当地某特殊儿童康复中心的几个先天性失明的儿童进行观察，发现他们对某事物不感兴趣和表示拒绝的时候，常常会用扭头和摇头的方式来表达。这说明，用扭头来表示拒绝的肢体动作具有一定的遗传性。但是，用不停地摇头晃脑来表示不置可否、犹豫不决则具有一定的社会性，是后天学习和主观意识调控的结果，它的解释意义要小得多，解释结果的可靠性也要差得多。因此，观察儿童身上的经典肢体语言，对于理解成年人的肢体语言具有重要的参考价值和借鉴意义。

十二、肢体语言分析的四项基本原则

肢体语言分析既是一门技术,同时也是一门艺术,要想正确地解读肢体语言的意义,窥探对方内心世界的秘密,识别对方的谎言,必须遵循肢体语言分析的四项基本原则,才可能做到轻松自如、游刃有余。

1. 连贯性原则

肢体语言分析的初学者经常会犯一个致命的错误,那就是将每个表情或动作分离开来,孤立、片面地解读和分析肢体语言,而忽略其相关的表情与动作。其实肢体语言解读和两个人沟通交谈时的情境是一样的,结合上下文才能正确理解句子和词语的意义。肢体语言也有自己的"单字""词语"和"句子",每一个动作就好比一个词语,而每一个词语的含义也都不是唯一的。如果你想获取准确的肢体语言意义,就必须坚持连贯性原则,全面掌握这个动作前后的变化情况,完整地、持续地、连贯地观察对方的肢体语言特征及变化规律,否则,就可能误读误判,引起分歧和争端。举一个例子,挠头所表示的含义有很多,可能表示尴尬、犹豫不决、健忘、自我安慰或者撒谎等等。如果看到一个人轻微挠头的动作,就立即去进行解读,出现失误的概率就会非常大,因为如果挠头之前的动作是擦汗的话,那么,挠头可能表示自我安慰;如果挠头之后的动作是摸鼻子,那么,挠头可能表示说谎。

因此，单独对某个动作进行断章取义式的解释和分析，并不具有真正的解释意义。只有将某一个动作还原到其所在的连贯动作序列中，通过连续的观察，才可能真正地理解其所要表达的意思。

2. 一致性原则

这个世界上没有绝对孤立的事物，肢体语言也是一样。虽然在学习肢体语言的过程中，我们会一一分析人在举手投足间每一个姿势和动作的意义，但是如果仅仅凭借某个肢体动作就对某人轻易下结论，很容易得出荒谬的答案来。在日常交流中，除了语言本身会传递信息外，肢体语言和语音语调也会传递丰富的信息。如果三者之间的关系是一致的，那么，我们听起来和看起来都会觉得非常舒服，但是假如三者之间的表现是不一致的，我们则会觉得不舒服，可能会怀疑此人在说谎。单独对肢体语言进行分析，道理也是一样的：单独的一个动作，可能其意思并不完全肯定，但假如上肢动作和下肢动作的性质是一样的，相互呼应，彼此表达一致，那么，其意思就比较容易确定。比如，一个人在听到意外信息后，腿向后退了几步，手也出现了回缩的动作，并且脸上出现恐惧的表情，这种一致的肢体动作，可能告诉我们，这个意外的消息让听者内心感到了恐惧。假如，听者脸上露出了恐惧的表情，但是身体却前倾，两者的不一致则透露出可能另有隐情。若简单地依据其面部表情判断其为恐惧，则可能会失去探索真实情况的机会。也许，他内心并不恐惧，但却需要装出恐惧的样子，目的是博得他人的同情。

3. 背景性原则

在分析肢体语言的时候，了解动作产生过程中的背景特别重要，背景中往往蕴藏着肢体动作产生的原因，而原因正是我们正确理解肢体动作的重要依据。背景包括两个部分：一个是大背景，即事件发生的自然和社会环境；另一个是小背景，即事件发生的现场情境。比如，在一个寒冷的冬天，你看见某个人坐在一辆公交车里，双臂紧紧抱于胸前，双腿也紧紧地夹在一起。那么，我们结合现实环境，应该可以明白，他的这个动作是因为太冷而做出来的，其他的解读可能会曲解他的意思。但假如在一个温暖的房间里，在谈话不太友好的情况下，对方做出这样的姿态，那可能就不是因为太冷，而是一种拒绝的意义。总之，遵循背景性原则，要求我们在分析肢体语言时，全面充分地掌握发生肢体语言的背景，全面衡量、综合分析，不可贸然得出结论。

4. 可能性原则

肢体语言分析是一项非常复杂的智力劳动，要求分析师眼观六路、耳听八方，但是，人的注意力分配是有规律的。研究表明：一个成年人可以同时注意到事物的数目，一般为4个到6个。虽然人们在沟通交流时，全身都在传递信息，但是，人们总会在关注对方的时候，忽略某些信息，而注意到另一些信息。仅凭注意到的信息去做判断，显然是不够全面的，尽管这些关注到的信息可能更加重要,但依靠不全面的信息来下结论,总是有错误的可能性。因此,在对肢体语言的分析下最终结论时,应该遵循可能性原则,即不要随便做出绝对肯定的判断,只做可能性大小的判断。虽然通过肢体语言分析,可以提高我们对语言的理解深度和判断能力,但绝不是百分之百的准确率,过于相信肢体语言的分析结果,有可能会适得其反。我们在分析时可以大胆猜测,但在下结论时,必须小心求证。唯有这样,才会让我们在肢体语言分析的道路上走得更远、更稳、更快。

十三、女性是天生的行为心理分析师

如果有人要问我:女性更适合做行为心理分析师还是男性更适合?我会回答:女性比男性更具有成为一名行为心理分析师的天赋。为什么要这么说呢?

首先,让我们来看一下男性和女性在诸多方面的差别。

心理学家研究发现:男性与女性的差别就如同左脑与右脑的差别一样,女性更加感性一些,而男性则更加理性一些;女性在语言流畅性、记忆准确性、知觉速度等方面占有优势,而男性则在分析理解、空间关系、抽象推理等方面占有优势;女性更相信视觉、听觉、嗅觉、味觉和触觉等感觉器官直接获得的信息,而男性则更倾向于相信通过分析判断、计算推理得出来的结论;女性在涉及情绪、情感、图画、音乐等方面比男性具有更加敏锐的洞察力,而男性则在涉及理论概括、逻辑分析、数字运算等方面比女性强得多。

功能性核磁共振成像（FMRI）脑部扫描结果显示：人们在交流时，男性的大脑通常会有4—7个同类功能的区域协同工作，而女性则有14—16个同类功能的区域协同工作；女性的大脑是多轨式的，就好比一部多声道的收音机可以同时接收各种不同频率的电波一样，女性的大脑通常可以同时处理2—4件完全不同的事项；而男性的大脑则是单轨式的，通常只能专注地处理一件事情。在日常的交流谈话中，女性更倾向于使用疑问句，以显示自己亲切柔和、温情脉脉的一面，而男性则多用陈述句，以显示自己坚决果断、令人安全的一面；从谈话过程中男女的表现来看，男性打断女性的次数远远高于女性打断男性的次数；而在语言表达的数量上，女性则远远多于男性——男性多半表现得沉默寡言，而女性则经常表现得侃侃而谈。

男性和女性的这些差别主要是由人类的进化和遗传来决定的，不仅仅表现在生理上，而且还体现在心理上。正是这些差别，使得男性和女性在兴趣爱好、思维方式和行为模式等方面也存在着巨大的差异。因此，在与人交流和沟通时，女性在观察、评估和判断等方面比男性具有更加明显的先天优势。

其实，男女之间的差异表现在肢体语言分析工作中更为明显。研究表明：女性比男性更善于觉察到从他人肢体动作中所传递出的信息，并可以借此洞察其内心微小的变化。假如让两个从来没有接受过专业训练的普通男性和女性来分析肢体语言，那么，女性成功率通常会比男性要高出许多。

综上所述，女性有得天独厚的先天优势，所以，女性是天生的行为心理分析师。不过，女性也有其不可弥补的劣势：女性感性的一面，常常使其在分析他人的肢体语言时，不可避免地掺杂一些个人情绪和情感因素，从而出现分析偏颇和投射个人因素的现象。最后，我们还必须强调一下，女性虽然有比男性更为优秀的天赋，但这并不是说，每个女人都是行为心理分析师。一个优秀的行为心理分析师，除了良好的个人天赋之外，还必须要有丰富的理论知识、扎实的实践经验和过硬的个人技能，而在这一点上，男性则和女性是完全平等的。

十四、行为心理分析师的成长之路

解读肢体语言是生活的必备技能之一，人人都略知一二，但未必能应用自如。从略知一二到应用自如的过程，就是行为心理分析师的成长之路。在这条道路上，行为心理分析师一般需要经历三个阶段。

第一阶段是兴趣阶段，主要表现为对肢体语言分析充满好奇和兴趣，但却没有从内心深处认可和理解肢体语言分析的意义，兴趣不持久，好奇易衰退。从书上、电视上和培训中学到的一点技巧，在生活中处处尝试，见谁都想分析，偶有收获，不胜欢喜。这是肢体语言分析的初级阶段，也是行为心理分析师的必经阶段。

第二阶段是训练阶段。在这个阶段，主要是具备了肢体语言分析的意识，在生活中，更加理解肢体语言分析的意义，更加关注肢体语言的作用，更加注重肢体语言分析的训练，敢于尝试各种分析角度。水平可能是大大提高了，但却得罪了不少人，人见人嫌。这是肢体语言分析的中级阶段，也是需要忍耐和坚持的阶段。

第三阶段是应用阶段。进入应用阶段的人就可以称之为行为心理分析师了，而在此之前则只能称为爱好者。在这个阶段，分析师会牢记一切肢体语言动作的象征意义和肢体语言分析的基本原则，但在分析的过程中却忘记这一切。分析师会轻松地看懂生活中一切肢体语言的意义，并借此判断对方是否在交流中说谎，但却不随便说出来，只有正式场合，且在必要的时候，分析师才会有所表达。这是肢体语言解读的高级阶段，也是所有行为心理分析师想要达到的阶段。

此三个阶段是行为心理分析师成长的必由之路，也是我个人的成长之路。

十五、憧憬肢体语言分析技术的未来

甄言堂首席行为心理分析专家王远根据老板的要求，随天宇集团方总及企业的谈判小组一起参加了一场商务谈判。这已经是天宇集团在武汉投资新项目的第六次谈判了，也是最后一次谈判，如果没有大问题，今天就可以签订投资300万元的合同。为了防止合作方有欺骗的行为，方总特意再次邀请王远一起参与，看看会不会有什么异常情况出现。

临走时，王远叮嘱方总，在签名时，一定要慢，在写完姓的时候，要略微停顿几秒，然后等候信号，决定是否要继续签名。前面的谈判非常顺利，王远并没有发现什么异常，但是在方总写完"方"字的时候，王远发现，对方总经理脸上突然露出一丝诡异的微笑，这个微笑是极度压抑和控制状态下，一不小心从嘴角流露出来的。王远想：如果是真的喜悦的话，完全可以大大方方地笑出来，没必要控制着自己的笑呀？看来有问题，但目前无法知道问题出在哪里。

当发现方总停顿时，对方总经理脸上的笑容突然凝固了，手脚的动作也突然停住了，并且开玩笑地说了一句："方总不是把自己的名字都忘记了吧？"语速急促，音调升高，显得有些焦虑，急于求成的心情溢于言表。就在这时，王远装作不小心把桌子上的水杯打翻了。合同被浸湿了，方总立即会意，知道其中有情况，但却装作很生气的样子把王远批评了一通，然后说今天有点晦气，要求重新选择一个好日子再签合同。

回来后，方总立即派人去对方公司实地考察，结果发现，对方声称的当地知名企业其实只是一个皮包公司，只有两个工作人员在当地的豪华写字楼里租了一间20平方米的办公室。后来，方总联系对方总经理时，发现对方手机已经关机了。方总暗暗地庆幸自己没有签名，否则会让公司遭受巨大的损失。

上面所说的案例是未来可能发生在某企业的真实情况。在商业领域，永远都是利益与欺诈并存，成功和风险同在，如果不能合理地规避风险，发现陷阱，就只能蒙受损失，遭遇失败。有调查显示：全国每年倒闭的企业约有100万家，其中，因上当受骗而倒闭的约占1/5。

其实，肢体语言分析技术不光是在商务领域，在其他各个领域都有着非常广泛的应用。毫不夸张地说，在人类社会的交流和沟通活动中，处处都能看到肢体语言。读不懂他人的肢体语言，就意味着失去与他人深度沟通或深入了解他人的机会，从某种意义上讲，也就少了一次走向成功的机会。对于深谙肢体语言秘密的人来说，他们在与他人沟通时，总会对对方的了解更加深刻，更加全面，因此，走向成功的可能也就多一些。

许多心理咨询师都已经注意到：如果读不懂来访者的肢体语言，心理咨询师就无法在心理咨询中对来访者有深刻的理解，也就无法建立良好的关系，当然，心理咨询的效果也会大打折扣。其实，在日常生活中，肢体语言分析技术应用非常广泛，从国家领导人会见外宾到青年男女谈恋爱，从国际贸易合作到企业商务谈判，从军事心理斗争到犯罪刑事侦查，从警察缉毒反扒到纪检部门反贪调查，从企业人事管理到领导识人用人，从谎言识别到心理咨询，肢体语言分析技术无处不在、无时不在，并且总能在关键的时候大显身手，出奇制胜。

第2章
揭开面具见人心

人的面孔要比人的嘴巴说出来的东西更多、更有趣,
因为嘴巴说出的只是人的思想,
而面孔说出的是思想的本质。

——［德］阿图尔·叔本华

表情是人心的面具，与人的内心活动有着千丝万缕的联系。通过表情的变化，我们可以判断人的心理活动轨迹以及变化规律。不过，人们常常会将自己的真实感受伪装起来，只让我们看到一个戴着面具的表情。表情是由面部肌肉相互挤压而形成，要深入了解面部表情，必须熟悉面部肌肉的构成规则、情绪情感的形成机制以及面部表情的基本特征和常见类型。

一、认识情绪情感的生理机制[①]

情绪和情感是人类心理活动的一个重要方面，它伴随着认知过程而产生，并对认知过程产生重大影响，是人对客观现实的一种反映形式。正确理解情绪情感的表达形式及表达机制是肢体语言分析的重要前提，也是心理分析最重要的突破口。在心理学中，情绪和情感通常是被放在一起定义的，它是人对客观事物的态度体验，是人的需要是否获得满足的主观反映。作为个体反映

---

① 本小节部分内容重点参考叶奕乾、何存道、梁宁建编：《普通心理学》，上海：华东师范大学出版社，1997年8月，第336—345页。

客观世界的一种形式，情绪情感是心理活动的重要组成部分，对现实生活的各个方面都有着重要的作用。

在日常生活中，人们的言谈举止总会伴随着一定的情绪情感产生，而这种情绪情感最终都要通过表情这种外显形式来表达。人们通过表情向他人传递自己的主观意愿，也通过对他人表情的观察和体验来了解周围人的态度和意愿。比如，当人们要表示满意、赞许或鼓励的意思时，通常会在脸上露出微笑的表情；而当人们愤怒的时候，通常会龇牙咧嘴、怒目圆睁、双拳紧握。通过对其表情的观察，我们便可以直接获得他人内心活动的真实情况。

情绪和情感是在大脑皮层支配下，皮层和皮层下神经经过协同作用的结果。当人们产生某种情绪情感体验时，其呼吸、心率、血压、血管容积、皮肤电反应、脑电反应及内外分泌腺反应都会发生变化。这些变化可以作为描述和了解情绪反应特性和强度的客观指标，同时也可以此来洞悉人的内心世界的变化，分析其潜在心理动机和意图。测谎仪就是对这些人体的生理指标进行测试，从而判断一个人是否有说谎的行为。下面我们简要地说明一下，人们的情绪反应与五项生理指标之间的关系。

首先，从最简单最直观的呼吸说起，人呼吸的频率和深度与个体的情绪变化有着直接的关系。在不同情绪状态中，呼吸的次数、快慢和质量有着不同的特点。人在平静的时候一般每分钟呼吸20次，愤怒时每分钟可呼吸40—50次，高兴的时候呼气快而吸气慢，而惊讶时吸气则是呼气的2—3倍，恐惧时吸气与呼气的比率则上升到3—4倍。

其次，我们来看看血液循环。在不同的情绪状态下，循环系统的活动主要表现为心率和强度的变化，如满意、愉快时，心跳节律正常；恐惧和愤怒时，心率加快、血压升高、血糖增加、血液中的其他化学成分也发生改变。衡量人体血液循环的主要指标有三项：血压、心率和血管容积。人在惊讶、恐惧、愤怒等紧张情绪状态下，心率会比平静时有所增加，血压也会升高，而血管容积则会降低。

第三，人体的皮肤电阻与情绪关系密切，因此，有着重要的生理意义和心理意义。其实早在1879年，科学家就已经发现皮肤电反应现象。后来，进一步研究发现：皮肤电反应的变化是由皮肤血管收缩和汗腺分泌的变化引起的，任何来自外界的新奇刺激都能直接引起机体皮肤电阻的波动，尤其当人的情绪与心理压力发生变化时，皮肤电反应更是非常明显。为了能够准确地测量皮肤电阻随人体情绪变化的规律，科学家发明了皮肤电阻测量仪。测量仪的测量结果表明：人在焦虑时，皮肤电阻会降低；过度悲伤时，皮肤电阻会增大；在放松状态下，人体皮肤电阻高达 $2M\Omega$ 以上；而在精神压力很大时，皮肤电阻就会减少到 $500k\Omega$ 以下。这就对用仪器来测谎提供了一个非常重要的科学依据。

第四，脑电活动的变化也是情绪的生理反应指标之一。用脑电波扫描仪将大脑各部分的电波活动记录下来，就形成了脑电图。研究表明：不同情绪状态下人的脑电图是不同的。当人处于平和放松的情绪状态时，脑电活动会形成相对平缓的波形；人在紧张和焦虑时，脑电波波幅降低，波动频率增大，呈现低振幅快波；而个体出现病理性情绪障碍时，则会出现高振幅慢波。

最后，人体的内外分泌腺也与情绪的关系非常密切。在人体内有内外两种分泌腺，内分泌腺包括甲状腺、甲状旁腺、肾上腺、脑垂体和性腺等；外分泌腺包括汗腺、泪腺、唾液腺、皮脂腺等。在不同的条件下，这些腺体会分泌出不同的分泌物，而情绪状态的不同则会引起各种腺体分泌的变化。例如，悲痛或过于高兴使人落泪；焦急或恐惧时人的抗利尿激素分泌受到抑制，引起出汗或排尿次数增加；紧张时唾液腺等的分泌受抑制，人会感到口干、食欲减退；而内分泌腺在情绪状态中较明显的反应，是紧张和焦虑时肾上腺分泌增多。

二、表情是人心的面具

婴儿在出生以后，总是以最真实的面孔来面对所有人，没有任何的遮掩和隐藏，其内心想法都写在脸上：如果婴儿笑了，一定是感到舒服或快乐；如果婴儿哭了，一定是不舒服或疼痛。父母正是通过表情来读懂婴儿的内心，进而来照顾婴儿的饮食起居。与此同时，婴儿也是通过观察父母的表情，来猜测父母的态度，并且在心里固执地认为，父母的表情和自己的表情一样，纯真无邪，真实可靠。但是，随着时间的推移，年龄的增加，他们会慢慢发现，父母的表情并不像自己那样真实，其中掺杂着很多虚假的成分：即使父母不高兴，也可以在面对自己时露出灿烂的笑容；而在很高兴的时候，却故意装作很生气的样子，来逗他们玩耍。这个时候，他们似乎才会明白，大人脸上的表情并不可靠，表情可能只是一个面具，而并非父母真实的想法和感受。

随着年龄的增长和经历的不断丰富，孩子们不仅慢慢地学会了识别父母的真假表情，还学会了通过做出假表情来伪装自己内心的真实感受。比如说，孩子正在接受批评，一肚子的委屈和难过，但家里将有重要客人来拜访，父母会告诉孩子，客人来的时候，要对客人有礼貌，要面带微笑，于是孩子就强装欢颜，笑脸相迎。久而久之，这样的经历不断增加，渐渐地，人们表情的面具就慢慢地形成了。

那么说到这里，有人可能会问，面具真的能将我们内心的感受完全掩饰起来、不被察觉吗？回答是否定的。表情可能会在一时被掩饰起来、伪装起来，但伪装不会长久，也不是绝对的，因为表达真实的感受是人的本能，任何伪装和掩饰都会慢慢露出马脚。从理论上讲，由于经常在无意识中反复训练，常见的几种基本表情相对来说容易被伪装，但不受意识支配的微表情和饱含情绪的碎表情却是无法伪装的，或者可以伪装一时，但无法一直伪装。学习和研究肢体语言分析技术的目的，就是要让我们在短时间内掌握揭开面具、找出破绽、读懂人心、还原真相的能力。

三、识别八种基本面部表情

人的面部表情非常丰富。人体生理解剖结果表明：人体约有639块肌肉，其中面部有43块肌肉，如图2-1所示，可组合1万多种表情，3000种表情有意义，被人肉眼可识别的表情约有2000种，其中，平和、快乐、悲伤、惊讶、恐惧、愤怒、厌恶和蔑视八种表情与生俱来，不分国家、不分民族、不分地域、不分阶级、不分肤色，为全世界人类所共有，是人类进化的共同结

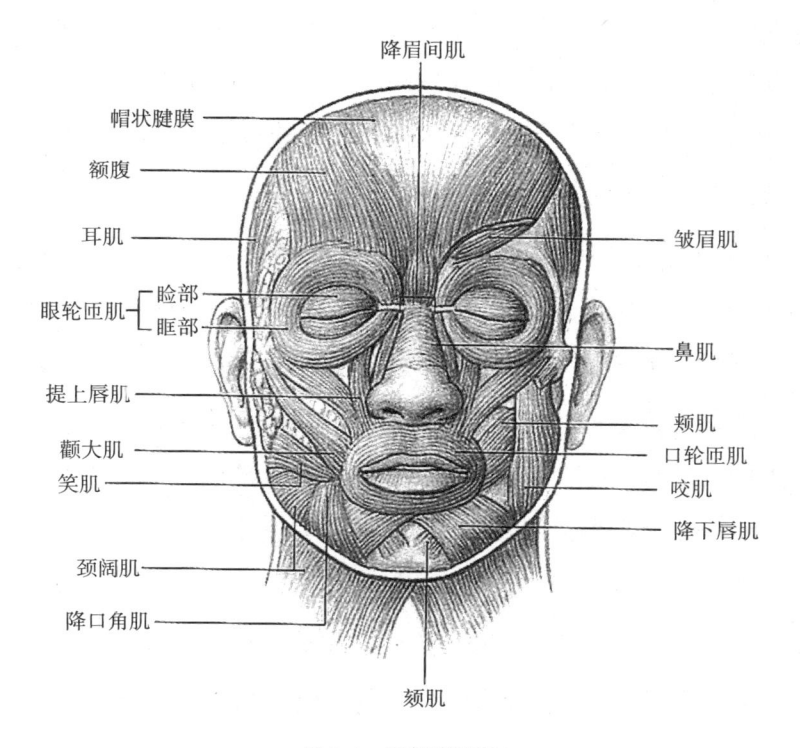

图2-1 面部肌肉图

晶之一。面部表情是刻画情绪的刻刀，是传递感情的画板，是肢体语言解读的重点部位，同时也是最容易撒谎的部位。下面，我们就来仔细分析这八种基本面部表情。

1. 平和

平和是所有表情变化的初始状态，它在人的面部出现的频率最高，持续的时间也最长，是一个人的良好心境的外在表现。当一个人内心无欲无求、淡泊寡欲或心境开阔、悠然自得的时候，平和的表情就会出现在脸上。有时候，人们会用淡定、平静、从容等词来形容一个人的表情，其意义与平和是一致的。从精神分析的视角来看，平和是一个人的意识、前意识和潜意识和谐相处、没有压抑、互不冲突时的一种表情特征。在平和的状态下，人的面部肌肉整体松弛有度、分布均匀，肌肉之间无挤压和运动变化的迹象，如图2-2所示。

图2-2 平和

2. 快乐

快乐是个体在感受到外部事物带来内心愉悦、满足体验时的一种心理状态，是一个人内外和谐、完美统一的具体情绪表现，也是人们最喜欢的一种情绪状态。马克思认为，快乐是一种欲望得到满足时的心理状态，是个体对生活满足且能体验到乐趣时的一种心情。按照精神分析心理学的观点，人的本能都是趋利避害、追求快乐的，当一个人压抑的欲望和想法在现实中成为真实的时候，就会表现出快乐的情绪。人在表达快乐情绪时也有很多种表情，比如狂笑、大笑、微笑等。当快乐表情出现在面部的时候，其眼睛以下的肌肉群会向上方和两侧运动，如图2-3所示。具体来讲，主要表现为皱眉肌向两侧略微展开，额肌抬高，形成"三"字形波浪纹，下眼睑上提，瞳孔略微放大，眼角出现鱼尾纹，从鼻子两侧产生出两条弧形笑纹，一直延伸到嘴角，并略

图2-3 快乐

微从两侧向上翘，颧大肌、咬肌、笑肌、口轮匝肌同时向两侧偏上的位置运动，根据快乐的程度不同，会在不同程度上露出牙齿直至牙龈。和快乐相近或相似的表情还有高兴、兴奋、愉悦、欢喜、愉快、开心、喜悦、欢乐，其面部特征大同小异。除了面部特征，快乐的时候，人有时还伴有肢体动作的变化，如身体后仰或前屈，张开手臂呈开放状态，用手挡住嘴角或捂住嘴。

在生活中，快乐的表情常常是以笑来表达的，但笑有时只是一个表情，与快乐并无必然关系。研究表明，笑是由两套面部肌肉组织来控制的。第一套是以面部两侧的颧肌为主的肌肉组织。在笑的时候，人常常会咧开嘴巴，双唇后扯，露出牙齿，笑肌上提，笑容会表现在眼角以下的位置。第二套是以眼轮匝肌为主的肌肉组织。通过收缩眼部周围的肌肉，人的眼睛会变小，眼角会出现鱼尾纹。以眼轮匝肌为主的肌肉组织是完全不受人的意识操控的，当这部分肌肉充分运动起来的时候，笑容一定是真实的，是任何人无法伪装的；而以颧肌为主的肌肉组织是受人的意识控制的，换句话说，这部分肌肉在人意识的控制下可以作假，即假笑。一个人发自内心地快乐时，笑容里常常是两套肌肉同时协作运动；而假笑时，其笑容里则通常只有以颧肌为主的肌肉组织在运动。

3. 悲伤

悲伤是一种消极的情绪表现，是个体经历分离、丧失和失败等消极事件之后所产生的一种沮丧、失望、气馁、消沉、孤独和孤立的情绪体验。如遭遇灾难、亲友死亡、离婚、毕业、辍学、退伍或失业等经历时，最容易引起个体的悲伤情绪。从精神分析心理学角度来讲，悲伤是由于潜意识愿望无法顺利实现转而对内攻击，且个体无法承受由矛盾冲突所造成的影响时而产生的一种情绪状态。个体的悲伤程度不仅取决于失去的东西的重要性和价值大小，同时也与主体的生活经验、个体特征及所处的文化环境有密切关系。

悲伤根据其程度不同，可细分为遗憾、失望、难过、悲伤和悲痛等。人在悲伤的时候，面部肌肉群相对松弛，并呈现下垂形状，如图2-4所示。具体来讲，主要表现在皱眉肌从两侧分别向中间及向下的方向运动，并形成"川"字形。在皱眉肌的牵拉作用下，额肌整体下降，眉毛下压，上眼睑下垂，瞳孔略微缩小，颧大肌、咬肌、口轮匝肌同时向下运动。和悲伤相近或相似的情绪还有悲痛、悲哀、哀伤、伤感。除了面部表情特征，人在

图2-4 悲伤

悲伤的时候有时还伴有肢体动作的变化，如用手去遮挡面部、身体相对闭合并蜷缩在一起，有时还伴有流眼泪、小声啜泣或大声痛哭。

4. 惊讶

惊讶的表情是中性的，它通常来自意外的刺激物对个体感觉器官的冲击，但这个意外往往是没有威胁性的，不会对个体造成危险和伤害，只是其出现时显得比较突然或出乎意料而已。按照精神分析心理学的观点，无意识在长期压抑的过程中，意外地获得突然的满足时，人的面部就会出现惊讶的表情。惊讶的表情出现时，持续的时间往往比较短，大约是1/4秒，最长也不会超过1秒。如果惊讶的表情持续时间过长、动作过于夸张，则有可能是由于当事人有意识地将自己的惊讶表现给外界看，这样的表情通常有作假的嫌疑。

人在惊讶的时候，面部肌肉群总体相对紧绷，并呈向外辐射状，皱眉肌及额肌同时向上方运动，并在额头形成"三"字形皱纹，眉毛和上眼睑同时上抬，眼球略微向外突出，瞳孔略微放大，嘴巴略微张开，以嘴巴四周的口轮匝肌为中心，其上方的口角提肌、颧大肌，侧方的咬肌、颊肌，还有下方的三角肌、下唇方肌和颏肌，分别呈辐射状向四周运动，如图2-5所示。

对于绝大多数人来说，惊讶的表情出现时，经常伴有肢体的动作。比如，人在惊讶时常常会伴有深呼吸，甚至有用手捂嘴、

图 2-5　惊讶

身体冻结、身体微颤等肢体动作，还有一些人会禁不住喊出声来，"我的天呀""啊""哇"等。

5. 恐惧

恐惧是外界的刺激情境对个人安全造成威胁而引发的一种情绪状态。按照精神分析心理学和进化心理学的观点，恐惧是人的生存和繁殖等相关活动受到威胁时而产生的一种适应性反应。在恐惧情绪的驱使下，人的心理资源和生理资源会被最大限度地调动，并会促使个体采取一系列的保护措施，比如逃跑、躲藏和反击等行为。

恐惧是惊讶的一个延伸表情。在恐惧表情出现之前，会有一个瞬间的惊奇表情先呈现在面部，大约持续十几毫秒或几十毫秒，之后就会变成单纯的恐惧表情。恐惧表情出现的时候，面部肌肉群会紧绷起来，肌肉与肌肉相互之间挤压和拉伸的幅度比较

图 2-6　恐惧

大。具体来讲，皱眉肌及额肌同时向上提升，并在额头形成波浪形皱纹，眉毛和上眼睑同时上抬，眼球略微向外突出，瞳孔先略微放大，然后略微缩小，嘴巴略微张开，嘴角多有下垂倾向，以嘴巴四周的口轮匝肌为中心，其上方的口角提肌、颧大肌，侧方的咬肌、颊肌，还有下方的三角肌、下唇方肌和颏肌，分别呈辐射状向上方、左边、右边和下边运动，如图2-6所示。对于绝大多数人来说，恐惧的表情出现在面部时，经常伴有四肢的动作，比如，迅速深吸气后屏住呼吸，甚至用手捂嘴，双腿冻结，血液回流至腿部，做好逃跑的准备，手臂常伴有遮挡的动作，有一些人会伴有声音，如"哎呀""啊"等。

6. 愤怒

愤怒是当人的愿望不能实现，或达到某种目的的行动受到挫折而引起的一种紧张和不愉快的情绪状态。进化心理学研究表明，愤怒是一种原始的负性情绪。在动物身上，愤怒的产生主要与求生、争夺食物和交配权等行为有着密切的关联。愤怒表情在人的成长过程中出现得比较早，人在出生3个月后就会有愤怒的表情出现，如果婴儿探索外界环境的欲望受到了限制，就会触发愤怒情绪。例如，约束婴儿身体的活动、强迫婴儿睡觉、限制他的活动范围或不给他玩具等，在这些情况下，我们很容易就会从婴儿的面部观察到愤怒的表情。

　　按照程度的不同来区分，愤怒可以从不满、愠怒、激愤到勃然大怒等，其强度和表现形式与个人的性格密切相关。一般说来，当人在愤怒的时候，面部肌肉群总体紧绷，相互之间挤压和拉伸的程度比较大，皱眉肌向下运动，带动额肌下沉，并在额头形成"川"字形皱纹，眉毛下压，上眼睑同时下垂，眼睛圆睁，瞳孔略微缩小，鼻翼扩张，嘴巴略微张开，牙齿紧合并且部分裸露，嘴角成曲线，以嘴巴四周的口轮匝肌为中心，其上方的提上唇肌、鼻肌向上运动，颧大肌、咬肌、颊肌向两侧运动，并且相互之间紧紧挤压在一起，还有下方的三角肌、降下唇肌和颏肌也不同程度地向上运动，协力使嘴部形成向对方攻击前的准备状态，如图2-7所示。对于绝大多数人来说，愤怒的表情出现在面部的时候，经常伴有肢体的动作反应，比如，呼吸急促，咬牙切齿，双拳紧握，血液回流至双腿，做好进攻的准备，有一些人会伴随牙齿摩擦或拳头紧握时发出的咯吱声。

图 2-7　愤怒

7. 厌恶

厌恶是人的视觉、听觉、味觉、嗅觉、触觉等感觉器官由于接触到令人恶心或反感的事物而产生的一种情绪状态。厌恶情绪最初来自动物在吃到发霉、腐臭的食物时产生的一种本能生理反应。人也是这样，当吃到恶心的东西、闻到难闻的气味时，都会在脸上浮现出厌恶的表情，此时，我们就可以观察到其面部肌肉群总体紧缩，相互之间挤压和拉伸的幅度比较大。具体来讲，主要有以下特征：皱眉肌向下运动，带动额肌下沉，并在额头形成"川"字形皱纹，眉毛下压，上眼睑同时下垂，眼睛微闭，瞳孔略缩小，两嘴角略微张开，牙齿有部分裸露在外，以嘴巴四周的口轮匝肌为中心，其上方的提上唇肌、鼻肌向上运动幅度较大，颧大肌、咬肌、颊肌向两侧略有运动，还有下方的三角肌、降下唇肌和颏肌也不同程度地向上运动，如图 2-8 所示。对于绝大

图2-8　厌恶

多数人来说，厌恶表情出现在面部的时候，常常会有回避行为出现，比如扭头、侧身或做好逃跑的准备。

在这里，需要强调的是，与快乐、愤怒不同，厌恶表情并不是人一出生就自然具有的表情，它大约在4—8岁之间才会从复杂的情绪体验中独立出来。它的形成与外界环境的刺激有着密切的关系。

这里需要强调的是，厌恶表情是八种基本表情中最具有预测意义的一种表情。人们常常会用厌恶的情绪来预测人际关系的发展和变化，尤其是预测婚姻和情感关系。美国心理学家约翰·M.古特曼花了14年来制作650对夫妇的谈话录像，在"爱的实验室"里，他和他的同事们发现：在观看谈话录像的3分钟内，人们就可以通过一些线索判断出一对夫妇的婚姻关系是否会持久，而其中一条最重要的线索就是厌恶的表情。如果夫妻一方（尤其是女方）在谈话中出现了无意识的、微妙的厌恶表情，那么从统计数据来看，他们的夫妻关系不会维持超过4年。对于这样的结论，许多人都是不太相信的，但近年来，娱乐界明星的婚姻情感问题已经非常明确地证明了这一结论的正确性。

厌恶表情不仅对婚姻情感关系有比较准确的预测性，对一般的朋友关系、同事关系以及上下级关系都具有较好的预测作用。甄言堂研究人员在陕西14家中小型私人企业里做过这样一个实验研究：在和员工的谈话中讨论3分钟老板，如果发现员工脸上有2次以上的厌恶表情，那么，约有80%的员工会在接下来近1年时间里选择辞职或正在提交辞职申请；而在和老板的谈话中讨论3分钟员工，发现老板脸上出现2次以上的厌恶表情，那么，在接下来的半年里这些员工均会被老板解雇。

最后，我们还必须注意，厌恶是最具有感染性的一种表情。心理学家研究表明：不管是亲眼看见厌恶的东西还是看见别人厌恶的表情，都会激活人们大脑中的同一区域。尽管有时候我们没看到那些令人厌恶的东西，但是我们看到别人的表情后，也会有同样的感受。举一个例子吧，假如你的朋友正坐在你对面吃饭，突然，他说自己不小心吃下去了一只苍蝇，同时脸上浮现出厌恶的表情，此时，你虽然没有见到苍蝇，更没有吞下苍蝇，但你可能会在看到他的厌恶表情的同时，面部受其影响，不知不觉中也表现出厌恶的表情。

8. 蔑视

蔑视是一种特殊的表情，它是八种基本表情中唯一在名称中明确涉及感觉器官的一种表情。从这个表情的命名来看，它一定与视觉有着密切的关系。事实也确实如此，蔑视就是对他人的言谈举止瞧不起、看不上时而产生的一种情绪表现。按照精神分析心理学的观点，蔑视是人潜意识中压抑的攻击情绪在面部的集中的、委婉的表达。在动物身上很难看到蔑视的表情，蔑视也不是与生俱来的情绪，它具有一定的社会性和道德性，是人态度和价值观的外在体现。蔑视的表情大约在5—7岁之间才会独立表现出来，它的形成与个人的教养方式、个人修养、性格特点、情绪状态及外界刺激的强度等多方面的因素有着密切的关系。

可以说，蔑视是人对所处环境及所面对事物最全面、最深刻、最真实的态度体验。生活中，那些占据优势地位、身处高位或占有优势资源的人在面对比自己处境差的人时，可能会产生蔑视的表情。当人在面部呈现蔑视的表情时，其面部肌肉群总体运动不明显，表情不对称，在嘴部和眼部的特征和线索比较明显，具体来讲，其特征主要表现为皱眉肌向下运动，带动额肌略微下沉，眉毛下压，上眼睑同时下垂，眼睛微闭，瞳孔缩小，嘴角一侧略微向上翘起，以嘴巴四周的口轮匝肌为中心，其上方的鼻肌略微向上运动幅度较小，提上唇肌、颧大肌、咬肌、颊肌协力向一侧略有运动，如图2-9所示。蔑视情绪持续时间较长之后，往

图 2-9　蔑视

往会出现厌恶的表情。对于绝大多数人来说，蔑视的表情出现在面部的时候，人常常会在肢体动作上也有体现，比如双手抱紧，把头侧到一边，并略微抬高，等等。

有一次，一个离异的教师朋友要去相亲，想让我也去参加，主要任务是想让我帮他看一下对方经济条件是不是真的比他好，因为他自己不好意思第一次就问这个问题，但内心却非常想知道这方面的信息。在他们交流当中，对方突然问到我朋友的收入情况，我朋友骄傲地、略带夸张地说了自己的工资收入，此时，我突然观察到，女人脸上出现了一个轻蔑的表情。这个时候，我就明白了，这个来相亲的女人经济条件应该不错。就这样，任务就算完成了，我可以不用再当"灯泡"了。后来，事实证明，那是一个资产过500万的富家女。

在现实生活中，如果我们以对人的影响程度来区分表情性质的话，人类的八种表情中，积极的表情只有平和、快乐两种，中性的表情只有惊讶一种，剩下的悲伤、厌恶、蔑视、愤怒、恐惧五种则都属于消极的表情。这一点意味深长，它似乎表明地球上的动物（包括人类自身）大多数时候都一直生活在一种危机四伏的环境之中，身边随时会有天敌或是突如其来的响雷和闪电出现，更不用说洪水、干旱、瘟疫等自然灾害的如影随形，因此这些消极的表情也表明了人类进化和成长的艰难。

甄言堂研究人员曾经对八种表情相关程度进行统计分析，结果表明：八种表情之间相关系数大约在 0.16—0.89（$P<0.05$）之间，而五种消极表情的相关程度约在 0.68—0.89 之间（$P<0.05$）。其中惊讶与恐惧的相关程度最高，达 0.89；其次是厌恶和愤怒，相关程度约为 0.78；平和与惊讶的相关程度最低，约为 0.16。

在现实生活中，人类八种基本典型的表情，单独出现在人脸上的概率相对较少，大多数的表情都是复合表情，也就是说，多种表情会同时出现在人的面部。但这种情况下，往往会有一种主导的表情，而主导的表情往往是我们判断一个人心理状态的主要依据。将表情和语言结合起来，就可以判断其所说的是真话还是谎言，是发自内心的肺腑之言还是虚情假意的违心之语。

四、微表情：见微知著的快捷方式

微表情最早是由美国首席识谎专家、心理学家保罗·艾克曼提出来的。根据艾克曼的研究：微表情是一种情绪性的表情，它是在两个表情之间或一个完整的表情表达过程中，突然插入的一种特殊表情,持续时间极短,约为1/25到1/5秒。虽然微表情持续的时间很短,但其所表达的意思却是完整的,人的真实内心感受往往就是在这一瞬间暴露出来的。我们可以简单地理解为,一个人最不愿意让人知道或已经压抑不住的感受才会通过微表情表达出来。

那么,微表情究竟是怎么来的呢?这还得从20世纪80年代中期说起,艾克曼在研究识谎技术的过程中,曾经以精神病患者为研究对象进行过系统的研究分析,以寻找出正常人与精神病人之间说谎的差异,结果却幸运地碰到了一个重要的病人。这个病人名叫玛丽,42岁,家庭主妇,由于家庭问题,她患上了严重的抑郁症,曾经3次企图自杀都没有成功,在最后一次服用安眠药自杀时,被人意外发现,然后送到医院,因为抢救及时,才幸运地活了下来。

她在刚住进医院的3周时间里,一直接受药物治疗和团体治疗,恢复得非常快,也不再考虑和谈论自杀的事情了。一个周末,她告诉医生,想请一个假,回家去陪丈夫过生日,顺便看一下家里的剑兰和猫。主治医生和她进行简短的会谈并录像后,同意了她的请求。结果,她很快又说,自己刚才说谎了,事实上,她想今天回去之后就此了断,不想再活下去了。医院将她留了下来,继续进行治疗。经过多年的治疗之后,她的身体几乎完全恢复了正常,然后才正式出院回家。

许多心理学家和精神科医生都看了玛丽接受访谈的录像,但没有发现什么异常之处。艾克曼在拿到这个录像后，反复观看了近百遍，起初并没有发现什么线索。后来，他突发奇想地把这个视频一个镜头一个镜头地反复播放，最后，他终于在玛丽的面部发现了一条重要的线索：当医生问她未来有什么计划时，她在回答问题之后，迟疑了片刻，同时脸上闪过一个绝望的表情，那是一个极其悲伤的表情的变形。由于时间太短，幅度太小，不仔细看，很容易就忽略这个表情。按照这个方法，艾克曼看完了所有录像，他发现了许多这样的表情，基本上都是一闪而过、稍纵即逝。艾克曼认为，这个稍纵即逝的表情就是这个女人有自杀冲动的外在表征和真实表达，也是她撒谎的原因所在。

由此，艾克曼认为，这种表情虽然出现的时间非常短、幅度比较小，但意义很完整，作用很重要，很多内心隐蔽的想法隐藏于其中，于是就将其命名为微表情。进一步的研究表明，人们在交流的时候，脸上经常会流露出微表情。这种表情虽然比较难捕捉，但却能够很好地显示其内心想法，并可以准确地预测其行为发展方向。

甄言堂研究人员发现：微表情是真实情绪情感体验的无意识流露，它通常会夹杂在两个表情之间，或在极力控制某个表情失败时，无意间流露出来，一般人很难观察到。没有经过训练的普通人中约有8%—10%可以捕捉到微表情，但经过专业学习和训练之后，捕捉微表情的成功概率会大大提高。

微表情有五大特点：一是很完整。微表情不是一个微弱的表情，也不是一个残缺不全的表情，而是一个完整表情的微缩版，它的完整程度与基本表情是等同的。如果将微表情的表达过程放慢，我们可以看到静态的微表情和基本表情并没有差别，因此，微表情所传递的情绪情感意义也与相应的基本表情是完全一样完整的，只是更加隐蔽而已。

二是时间短。微表情最为显著的特点就是呈现时间极短，在1/25到1/5秒之间，也有研究表明微表情持续的时间在1/15到1/4秒之间，总之，稍不留神，微表情就会消失。如果不仔细观察，或者没有经过专业训练，是很难捕捉到微表情的，即使偶尔捕捉到了，也常常不知其意义何在。

三是幅度小。微表情的"微"字不仅体现在时间短上，而且还体现在幅度小上，若不仔细看，很容易被忽略。观察者常常不会注意到它的出现和存在，即使侥幸看到了，也很难立即将其和基本表情区分开。

四是能预测。通常情况下，情绪情感体验是可以通过基本表情表达出来的，当人们没有采用基本表情而是以微表情的形式来表达其感受时，说明相应的内心体验和感受是被极度压抑或者是被有意隐藏起来了。正确地理解微表情，可以有效地预测一个人的未来行为。根据微表情来预测人的行为，就如同根据冰山露出水面的高度来预测其下面的山体有多大一样，不仅可行，而且准确。

五是难控制。人类基本表情的变化在一定程度上可以由人的意识去控制，比如，我们可以忍住不哭、不笑、不生气，但是微表情则不受意识的控制，而受潜意识控制，受自主神经系统支配，因此，微表情是我们洞悉一个人内心情绪情感体验的快捷方式，也是谎言识别的重要突破口。

五、碎表情：内心矛盾的集中体现

碎表情也是一种特殊表情。当一个表情正在面部呈现的时候，另一个不相关的表情突然插入，从而破坏了原先表情的完整性，此时，面部呈现出来的表情就叫碎表情。碎表情出现时，面部肌肉的运动往往是杂乱无章、毫无规律和不可预测的。碎表情呈现的瞬间，个体内心的情绪情感体验往往是复杂多变的、难以控制的、不可自知的，甚至不知道究竟以何种表情呈现更恰当。

碎表情的出现，其背后往往都会隐藏着个体的重大矛盾和强烈冲突。有一次，一个来访者前来咨询，她一边笑着一边落座，之后，她笑着问我："你觉得我快乐吗？"我停顿了一下，同时看了她一眼，瞬间，我从她的脸上捕捉到了一个可怕的碎表情，这个碎表情起初是一个饱满的快乐表情，但随后便被一个巨大悲伤表情的突然插入打得支离破碎。看到这个碎表情后，我问她："你之前的快乐是虚假的，因为它实在是太短暂了。你内心一定非常矛盾，虽然你极力压抑巨大的悲伤，但它还是跑了出来，这显然不是快乐的表现，那么，到底发生了什么事情呢？"此时，来访者已经低下头，泣不成声了。几分钟后，她开始向我讲述丈夫几年来虐待她的痛苦经历。这是简单的碎表情，容易识别，所反映的内心矛盾也比较简单，而复杂的碎表情所反映的矛盾则是复杂的。

我曾经见过最为复杂的碎表情出现在七年前，是从一个女人脸上看到的，至今难以忘记。七年前的暑假，我大学时期的一个忘年交说要带妻子来西安玩，于是我就决定亲自去接站。当我接到他们走出车站，准备上车的时候，嫂子（朋友的妻子）突然停住了，把目光转向不远处墙根上一个行乞的残疾儿童。她从口袋里拿出五元钱，朝着那个儿童走过去。出于礼貌，我也跟了过去，只见那个残疾儿童有七八岁的样子，赤裸着上身，黑黑的皮肤，左胸前有一个不太规则的黑色五角星胎记，双腿残疾，不能走路，坐在一个四轮的小木板车上，一只胳膊又细又长，另一只胳膊上没有手，孩子用企盼的眼神看着我们。

嫂子蹲下来，把五元钱放到木板车前面的铁盒子里，我也赶紧走过去掏出了五块钱放进去，然后就准备催嫂子走，结果意外的事情发生了：我突然看到她脸上肌肉不停地抽搐，惊讶、高兴、悲伤、愤怒的表情同时出现在她的脸上，那绝对是一个罕见的、夸张的碎表情。我当时有点不知所措，但接下来发生的事，更让我匪夷所思，只见她从钱夹子里取出了一沓百元钞票放到盒子里，然后就泪如泉涌，并且快步走到丈夫跟前，趴在他怀里大哭。

我知道，这其中一定有什么不可告人的秘密，但秘密究竟是什么，我却不得而知。后来朋友告诉我：那个孩子极有可能是他们五年前丢失的儿子。他们在各地苦苦地寻找了两年，一点消息都没有，后来，他们放弃了，又生了一个儿子。当时他妻子看到那个孩子胸前也有一个不太规则的黑色五角星胎记时，她确信那就是她的儿子，因为，她相信世界上不可能再有一个同龄的孩子，也在同样的位置长着一个同样的胎记。但是，在那一刻，她却没有勇气认她的儿子，因为他们第二个儿子还小，新的生活才刚刚开始。没有想到苍天弄人，没有人能理解她当时内心有多么矛盾，那个令人难忘的碎表情或许能说明一些问题。

六、杂表情：多种情绪的综合表达

杂表情，也叫复合表情，它是指两个或两个以上的表情同时在面部混合后而形成的一种特殊表情。这里所说的"杂"不是杂乱无章、混乱无序，而是指两种及两种以上的情绪情感体验的相互叠加和综合表达。单纯且饱满的基本表情独立呈现在面部的情况虽然很普遍，但是，在特殊情况下，杂表情才能更准确、更全面地反映出人们的复杂情绪情感体验。

杂表情所反映的情绪情感体验通常是复杂的、深刻的和矛盾的。比如，一对年迈老夫妇突然间找到了自己失散多年的孩子，可能会既感到高兴，又感到惊讶，还感到伤心，此时，其面部就会呈现出快乐、惊讶和悲伤的杂表情；如果是一个正在外地上学的大学生，突然得到父亲出车祸去世的消息，可能会感到吃惊、害怕和悲伤，此时，其面部就会呈现出惊讶、恐惧和悲伤的杂表情；而如果一个已婚的男人正在公园散步，碰巧与他的初恋女友在初次约会的地方邂逅，那么，他的面部一定会呈现出惊讶和高兴的杂表情。

杂表情的表达通常有两种情况：第一种情况是两种或两种以上同类性质的表情同时呈现在面部，此时，人的内心体验是倾向于一致的，呈现在面部的表情也比较简单和容易识别，比如说快乐和惊讶的表情同时出现时，我们就会用又惊又喜来形容这个杂表情；第二种情况是当两种或两种以上不同性质的表情同时呈现在面部时，人内心情绪情感体验更加强烈，内心的矛盾和冲突会完全体现在脸上，比如说快乐与悲伤的表情同步出现时，我们就会用悲喜交加来形容这个杂表情。通过对杂表情的观察和分析，我们可以从中窥探到一个人内心的复杂情绪体验和感受。

七、面部表情百态

经过长期的进化与发展，人类的面部表情变化多端、丰富多彩，一般人若没有经过系统的训练，往往很难准确地识别他人面部表情。为了解人们对面部表情的认识深度和广度，甄言堂研究人员曾经对106名大学生进行问卷调查，要求每人写出描述人面部表情的5个词语和10个成语，经过统计分析，最终汇总了汉语中用来形容人面部表情的60个常见词语和100个常用成语。

60个词语分别是：

和蔼、坚决、警惕、藐视、好色、认真、恐惧、诚恳、乐观、无情、抑郁、忠诚、悲惨、温和、无私、沮丧、谦卑、好斗、谨慎、不满、多疑、欺诈、任性、紧张、防范、愤怒、凶恶、孤独、性感、害羞、轻佻、羞怯、痛苦、坦率、残忍、忧虑、暴躁、无情、淘气、诡秘、卑俗、体面、势利、自负、阴险、自恋、坚强、怀疑、欣喜、傲慢、友好、迟钝、顽固、狡猾、快乐、开朗、轻蔑、无赖、禁欲、焦虑。

100个成语分别是：

怅然若失、忸怩作态、没精打采、沉吟不决、张口结舌、惊慌失措、自鸣得意、局促不安、忍俊不禁、哑然失笑、幸灾乐祸、喜出望外、大惊小怪、大惊失色、大感不解、从容不迫、毛骨悚然、六神无主、泰然自若、心平气和、平心静气、目瞪口呆、处之泰然、半信半疑、毕恭毕敬、全神贯注、兴致勃勃、兴高采烈、呆若木鸡、将信将疑、含情脉脉、坐卧不安、若无其事、若有所失、若有所思、和颜悦色、和蔼可亲、垂头丧气、受宠若惊、狐疑不决、怡然自得、诚惶诚恐、勃然大怒、恼羞成怒、炯炯有神、洗耳恭听、神气十足、神色自若、神采飞扬、神采奕奕、神思恍惚、屏息凝神、眉飞色舞、眉开眼笑、眉来眼去、怒不可遏、怒气冲天、怒火中烧、怒发冲冠、破涕为笑、热泪盈眶、唉声叹气、哭笑不得、笑逐颜开、笑容可掬、疾言厉色、谈笑风生、谈笑自若、冥思苦想、如痴如醉、捧腹大笑、悠然自得、精神焕发、嫣然一笑、横眉冷对、嘻皮笑脸、噤若寒蝉、瞠目结舌、得意忘形、得意扬扬、惊恐万状、喜上眉梢、慌手慌脚、聚精会神、愁眉不展、愁眉苦脸、精神恍惚、黯然神伤、面面相觑、搔头抓耳、神清骨秀、神清气朗、神清气爽、桃李精神、行色匆匆、泰然自若、从容不迫、扼腕长叹、灰头土脸、老气横秋。

看到这些词语和成语的时候，我面前仿佛呈现出各种不同的肢体动作和丰富多彩的面部表情。从这些词语所形容的意思当中我们不难看出，人们对肢体语言，尤其是面部表情的理解和刻画由来已久，并且已经达到了非常细腻深刻的地步。

八、无敌的微笑

多年前，我曾经听过一个这样的故事：一天傍晚，一名独居的老妇人突然听到一阵急促的敲门声。她小心翼翼地打开门，发现一个持刀的小伙子正恶狠狠地盯着自己。她灵机一动，微笑着说："你伙子，你真会开玩笑！敲门还拿刀，不嫌累吗？你不会是推销菜刀吧？我正好要买一把菜刀……"老妇人把小伙子请进屋子，让他坐下，然后接着说，"你拿菜刀的样子真像我已经死去的儿子。算了，不提过去的那些事了，看到你我非常高兴，你要喝咖啡还是茶……"本来打算实施抢劫的小伙子看着笑容可掬的老妇人，居然慢慢变得腼腆起来，甚至内心感觉有点惭愧。他有点结巴地说："谢谢，哦，谢谢，来杯白开水就可以了。"最后，老妇人真的掏高价买下了那把明晃晃的菜刀。小伙子拿着钱迟疑了一下，在转身离去的时候，他回头对老妇人说："感谢您，老人家，您将改变我的一生！"

听完这个故事，你也许会觉得：这太不可思议了！然而，这个故事却是实实在在发生在生活中的事情。实践证明：微笑真的是无敌的，它能在瞬间缩短彼此的心理距离，使人与人之间充满信任与感激。在任何时候，真诚的微笑都会直抵人心灵的最深处，并在那里发酵，自内而外地影响和改变一个人。

人类关于微笑的科学研究非常多，最早的研究始于19世纪初期的西方国家，最初对微笑的研究主要是想通过一种科学的方法来区分真诚的微笑和虚伪的假笑。当时，法国科学家纪尧姆·杜胥内·德·波洛涅利用弱电流刺激来区分发自肺腑的会心微笑和其他各类笑容。

直到20世纪七八十年代，美国著名识谎专家、美国加利福尼亚大学的保罗·艾克曼教授与肯塔基大学的华莱士·V.法尔森博士通过研究人类面部肌肉运动的规律，并对面部动作进行了系统的编码，以此来区分真假微笑。结果发现：虚假的微笑多半受意识控制，与个人主观意愿关系非常密切，主要是以面部表皮运动牵动颧肌运动为主，就是我们平时所说的"皮笑肉不笑"，人们在假笑时所说的话往往都值得怀疑；真诚的微笑一般都是受无意识驱使的，常常在颧肌运动的基础之上，还伴有眼轮匝肌的自主运动，伴随真诚微笑所说的话基本都是实话。

在日常生活中，真诚的微笑让人心情舒畅，而虚假的微笑则让人难堪别扭，人们都想看到真诚的微笑，而不愿意看到虚假的微笑。美国的摄影师在长期的实践中发现：在拍照时，让被拍照的人喊"Cheese"（奶酪）这个单词可以使其达到与微笑相同的面部效果。在发"Cheese"这个音的时候，可以有效促使眼睛以下的肌肉群收缩，但却无法达到让眼轮匝肌一起协同运动的效果，所以，喊"Cheese"所产生的微笑效果充其量只是一个假笑，如果你不是真的快乐，而仅仅是企图通过喊"Cheese"就想在面部呈现一个真诚的笑容，那么，我要告诉你，你一定是打错算盘了。

在国内，人们在照相的时候一般不喊"Cheese"，而喊"Cheese"的谐音"茄子"。但实际上，外国人喊"Cheese"的发音能引发微笑，中国人喊"茄子"的发音却未必能引发同样的面部表情。我们通常是先笑起来了，然后再喊"茄子"，而不是通过喊"茄子"促发微笑。其实，如果你真的先笑起来了，喊什么脸上都会露出灿烂的微笑。现在"茄子"这个词在中国已经被赋予了新的意思，已经成为微笑的代名词，只要一说"茄子"，立马就在脸上露出笑容。我专门进行过仔细观察，如果你在不笑的情况下喊"茄子"，并不会在面部引发真诚的微笑表情。

甄言堂研究人员曾经做过一个实验，让121名普通大学生在3分钟内对20幅不同年龄层次的微笑照片进行快速辨别，其中有5幅是假笑，其余15幅都是真笑，实验人员要求学生从中挑出5幅假笑照片。统计结果令人吃惊：其中有102个人正确挑出了所有的假笑照片，正确率高达84%，其余19人至少挑出3幅及以上假笑图片。这说明，人类天生对真诚的微笑有一种辨别能力，即使没有任何的专业教育和训练经历，人们也能对真假微笑有着非常敏锐的辨识能力。

生理心理学家研究表明：当人们面对着一张真诚微笑着的面孔时，体内便会分泌出大量的荷尔蒙，它能让人产生一种麻醉性的快感，进而使人思维变得迟钝，麻痹大意，判断力急促下降，很容易对听到的内容言听计从。

美国心理学家也曾经做过一项"钱包归还"实验，目的是研究微笑能在多大程度上激发人们的善意，最终结果表明：在钱包里放一张微笑的儿童照片，能最大限度地提高丢失钱包被归还的概率。因为，婴儿微笑的样子可以快速激活成人大脑中快乐中枢，在快乐中枢的进一步驱使下，人会产生同情心理，从而提高了归还钱包的概率。

美国著名成功学大师戴尔·卡耐基曾经做过一个实验：他要求听他演讲的几千名不同工作岗位的"粉丝"，每天对他们周围遇见的人都报以微笑，并将结果反馈回来。不久便收到了纽约场外交易所著名投资人迈克尔·斯坦哈特的来信，信中说："以前我的人际关系非常糟糕，每天都过得不开心。而现在，当我出门上班时，我微笑着向公寓电梯司机打招呼，我微笑着向门卫打招呼；在地铁票台要求换零钱时，我向出纳员微笑；当我来到场外交易所，我向同事们微笑。我发现人们很快就对我微笑。我以愉快的态度对待前来找我发牢骚、诉苦的人,我微笑着倾听他们的诉说,这样一来,我发现调整工作容易得多了。微笑给我带来美元,每天都有很多。"斯坦哈特就是这样改变了所处的不良环境,和自己部下友善融洽、和睦相处。微笑给他带来了愉快的工作,微笑给他带来了经济效益。

微笑的作用不止于此。有研究发现,微笑还可以让人长寿。四川省成都市老龄委曾对全市720名百岁老人进行调查,结果表明:让寿星长寿的秘密不是饮食,不是锻炼,而是乐观!无独有偶,美国的研究团队也曾对本国700名百岁老人进行过为期3年的跟踪研究。结果也表明:保持乐观的心态是长寿者的共同秘密。根据甄言堂研究人员的观察研究:乐观的人有一个共同的表情特点,那就是会经常保持微笑。微笑早已成为乐观的代名词。

其实,在我们的现实生活中,微笑还有许多潜在的作用。比如说,服务人员可以利用微笑征服她们的顾客,销售人员可以利用微笑卖出更多的产品,谈判人员可以利用微笑让对方产生积极的回应,父母的微笑可以让孩子更加坚强,夫妻之间经常微笑可以让关系更和睦,公司职员经常微笑还可以减压……一句话,微笑的力量是无穷的!

九、用你的左眼看他的右脸

众所周知,大脑是人心理活动的物质器官,是面部表情的指挥中枢,而面部表情与心理活动又息息相关、密不可分,因此,要通过解读面部表情来分析一个人的心理活动，就需要深入地了解大脑的结构和功能。

1981年，诺贝尔生理学或医学奖得主罗杰·斯佩里教授对左右脑的功能差异进行研究，结果表明：人的左右脑在功能上存在着巨大的差异，左脑主要负责处理文字和数据等抽象信息，具有理解、分析、判断等抽象思维功能，有抽象性和逻辑性的特点，与意识关系密切，所以被称之为"意识脑"或"理性脑"；右脑主要负责处理声音和图像等具体信息，具有想象、创意、灵感和超高速反应等功能，有形象性和直观性的特点，与无意识关系密切，被称之为"无意识大脑"或"感性脑"。

严格来讲，大脑左右两个半球的功能有一些是相互重叠的，而另一些则是完全不同的。左右大脑并不是完全独立工作的，它们之间由一种被称为胼胝体的大脑神经纤维束连接起来，可以使神经冲动从左半球传导给右半球或者从右半球传导给左半球，从而保证左右半球在独立完成任务的同时还能与大脑的另一半协同工作，完成更为复杂的脑力劳动。大脑功能图如图2-10所示。

从图中，我们可以看到，右脑具有直觉、创造力和接受完整印象等功能，似乎更多的是与内在的情绪情感、直觉和超感觉有联系；左脑具有分析判断、逻辑推理和权衡利弊的功能，似乎更多与逻辑思维，语言、文字与处理数字以及抽象思维有关联。虽然说谎和识谎都需要左右脑协同工作，但从功能上区分，左脑在撒谎中还是占据主导作用，而右脑在识谎中起着更为重要的作

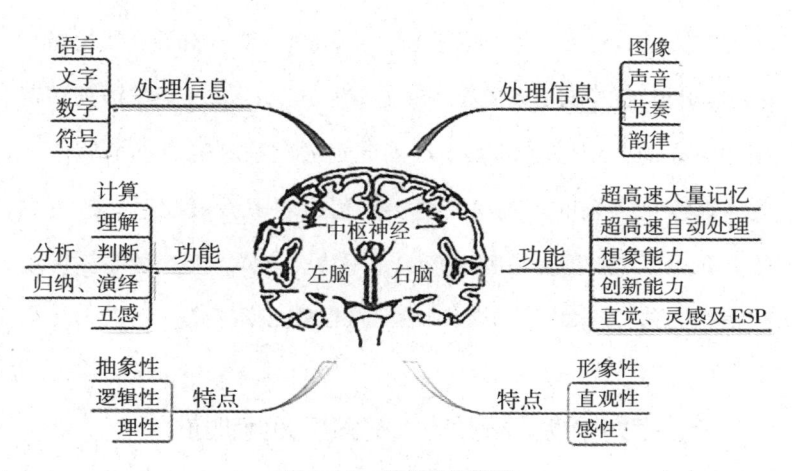

```
语言                                              图像
文字                                              声音
数字  处理信息                              处理信息 节奏
符号                                              韵律

计算                                          超高速大量记忆
理解        中枢神经                           超高速自动处理
分析、判断  功能                           功能 想象能力
归纳、演绎  左脑  右脑                         创新能力
五感                                          直觉、灵感及ESP

抽象性                                        形象性
逻辑性   特点                              特点 直观性
理性                                          感性
```

图2-10　左右脑功能图

注：ESP是Extra Sensory Perception的缩写，意思是超感觉，通常用作心灵感应、透视力、触知力、预知力等的总称。

用，因此，我们经常把左脑称之为"撒谎的大脑"，而把右脑称之为"识谎的大脑"。

从以上的研究结论中，我们不难发现：比较深层的情绪情感体验，一般都发源于右脑，却从左侧脸上表现出来；而那种经过更多控制的或有意识地做出的反应，则可能来源于注重现实的左脑，却从右侧脸上表现出来。虽然本质的性格特点可能更多的是表现在左侧脸上，但是能给观察者留下深刻印象的却是右侧脸，因为，当两人相对而视时，观察者的左眼永远都是直对着对方的右侧脸。

就观察力而言，左眼很可能比右眼更为敏锐。因为观察者左侧的眼睛看对方时正好与被观察者的右侧脸相对，所以，被观察者的右侧脸似乎就能给观察者留下更深的印象。由于右眼是与左脑相连的，而左脑更多的是主管逻辑思维，所以，当与被观察者相对而视时，观察者可能很难捕捉到被观察者的真实情感。因此，在识别表情时，观察者要善于通过左眼看被观察者的右侧脸，而尽可能少地受右眼的影响和干扰，这样，更容易看到被观察者脸上真实的表情，进而洞悉其内心意图和感受。

十、行为心理分析师的人格面具如何训练

"人格面具"这个词来源于希腊文，本义是指使演员在一出剧中扮演某个特殊角色而戴的面具。瑞士心理学家荣格认为，一个人在日常生活中，总是以某种角色出现在公众的面前，其行为必然会逐渐表现出趋于一致的倾向并且被最终固化下来，这样一来，此人就具备了这种人格的特点，即具备了某种人格面具。人格面具一旦形成，将会在相当长的一段时间里稳定地表现出某种行为上的固定倾向性。在某个特定的场合，或由于某种特殊的原因，之前形成的这个人格面具便会被瞬间激活，然后就在某一时刻成为主导的人格面具，来左右着人们当前的行为活动。

比如说，一个男人，他可能会同时具备丈夫、儿子、父亲、领导、下属、心理学家、行为心理分析师等不同的人格面具。当他到了单位，面对自己的下属时，领导的人格面具就会被激活，然后其行为就像是一个领导；回到家里面对儿子时，其父亲的人格面具就会被激活，其行为就具备了父亲的特点；当他面对肢体

语言分析素材的时候，行为心理分析师的人格面具就会被激活，就会表现得像一个行为心理分析师一样，等等。

人们在不同社会角色之间的自由转换恰恰体现了一个人人格面具的多样性和灵活性。人格面具的形成与其长期以来以某种角色的行为规范来约束自己、要求自己密切相关，同时也受其所接受的教育背景、文化习惯和社会风俗等因素的共同影响，是社会职业角色的集中体现，是社会公共生活的心理基础。

行为心理分析师人格面具的训练过程是一项长期和艰苦的系统工程。记得在几年前，有一次，我得了急性咽炎，嗓子疼得说不了话，于是赶紧去找医生看病。医生告诉我，咽喉有水肿，需要噤声三日，否则会更加严重。于是，在那三天里，我几乎不太说话，只是听别人说，同时用心地观察他人的一举一动。我突然发现，人们的肢体动作所要表达的真实想法与其语言所传递的实际意图常常会有一个小小的偏差，而这个偏差却常常被忽略，于是人们常常被语言误导或欺骗却丝毫没有察觉，许多重要的信息从眼前溜走，而没能被及时抓住，以至于交流无法切中要害，沟通浮于表面、流于形式，难以深入下去。

从那次咽炎好了以后，肢体语言分析训练就成为我专业学习和生活实践的一个重要组成部分。无论走到什么场合，我都会比以前更加注意观察别人的肢体动作，不断地猜测，然后去求证，虽然有时也会惹来别人的白眼，但我却乐在其中，不怨不悔。

后来，我经常以"观察员"的身份被朋友邀请去高档汽车4S

店、奢侈品销售市场等场合"观场"。由于每一次我都会仔细观察，认真地分析，所以，我经常能发现很多重要的信息，比如，报价是不是高出原价太多，销售顾问提供的销售信息是不是虚假的，产品是否存在缺陷，销售顾问是不是有误导或夸大实情的嫌疑，等等。当我把这些信息提供给朋友作为参考的时候，他们虽然没有当场明确表态，但我能感觉到，他们都在暗中以我的"参考消息"为准决定自己的购买行为，这令我对肢体语言分析的信心和兴趣倍增。

除了不断地加强学习与肢体语言相关的理论知识，我还坚持苦练基本功，每天专门花大约30分钟时间，静静地观察交流对象的言谈举止或者看无声电影中的人物之间的交流场景，捕捉各种新闻人物的肢体语言特点，分析观察对象的内心想法，然后去求证自己的分析，最后修正自己的分析思路和技术，从而不断提高自己的观察能力。在每天30分钟的训练时间里，我觉得自己戴上了行为心理分析师的人格面具，不仅能静下来，而且还能看进去并能看明白，完全和平时的生活状态不同，而在其他时间里，我又回归到了正常的生活状态。

最后，还需要强调的是，行为心理分析师人格面具的训练不仅需要丰富的理论知识，需要扎实的基本功，更需要大量的案例实践。整个训练过程复杂、持久而又充满挑战、艰辛，当然也会有收获、快乐和成长，总之，需要肢体语言爱好者提前做好充分的心理准备。

第3章

观眼识人心

存乎人者,莫良于眸子。眸子不能掩其恶。

胸中正,则眸子瞭焉;胸中不正,则眸子眊焉。

听其言也,观其眸子,人焉廋哉!

——《孟子·离娄上》

人们经常说，眼睛是人类心灵的窗户。我理解，这句话有三个意思：一是眼睛是人从外界获取信息的主要途径，二是眼睛所看到的东西对人心理的影响是最大的，三是从眼睛泄露出去的信息也是最多的。因此，研究肢体语言应该首先从眼睛开始分析。在日常的沟通交流中，人们从眼睛中所获取的信息是最直接、最深刻、最能反映内心想法的，正如印度著名诗人拉宾德拉纳特·泰戈尔所说："当我们用言语表达思想的时候，言辞并不容易找到，必须经过一个翻译过程，这往往是不准确的，于是我们就会发生错误。但是这一双黑眼睛却不需要翻译，思想本身就反映在这眼睛里。"所以，如果想从眼睛里获得更多的"思想"，必须全面深入地了解人的眼睛的结构以及传递信息的特点、规律。

一、认识我们的眼睛

人的眼睛具有特殊的结构和功能，它可以接收到380—760毫微米范围内的可见光，从而保证人们生存和生活所需要的信息。从结构来看，眼睛的生理构造可以分为三部分：眼附属器、视觉通路和眼球。眼球主要负责接收外界光线的刺激；视觉通路

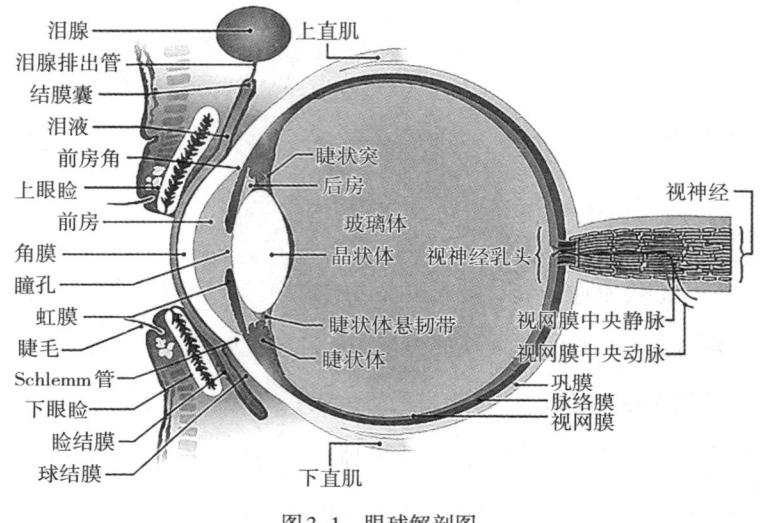

图 3-1　眼球解剖图

负责把视觉冲动传至大脑的视觉中枢,以获得视觉形象;眼附属器则主要对眼球及视觉通路起保护及协调运动等作用。眼球解剖图如图3-1所示。

1. 眼附属器

眼附属器包括眼睑、结膜、泪器、眼外肌和眼眶。眼睑分为上下两部分,俗称为上下眼皮,其游离缘称为睑缘。上下睑缘间的裂隙称睑裂,其内外连接处分别称为内眦和外眦。正常平视时睑裂高度约8毫米,上睑遮盖角膜上部1—2毫米。内眦处有一小的肉样隆起,称泪阜,是一种特殊的皮肤组织。眼睑起保护眼睛的作用。当遇到危险的时候,人们总是习惯性地把眼睛闭上。眼睑边缘的睫毛也有重要的作用，它像房屋的屋檐一样伸出，起着挡灰、遮光、防水的作用。

2. 视觉通路

视觉通路是视觉传导通路的简称，它由3级神经元组成。第一级神经元为视网膜的双极细胞，其周围支与形成视觉感受器的视锥细胞和视杆细胞形成突触，中枢支与节细胞形成突触。第二级神经元是节细胞，其轴突在视神经盘处集合向后穿巩膜形成视神经。视神经向后经视神经管入颅腔，形成视交叉，即视束。在视交叉中，只有来自两眼视网膜鼻侧半的纤维交叉，走在对侧视束中；颞侧半的不交叉，走在同侧视束中。左侧视束含有来自两眼视网膜左侧半的纤维，右侧视束含有来自两眼视网膜右侧半的纤维。第三级神经元的胞体在外侧膝状体内，它们发出的轴突组成视辐射，经内囊后肢，终止于大脑距状沟周围的枕叶皮质。还有少数纤维经上丘臂终止于上丘和顶盖前区。

3. 眼球

眼球的外形近似球形，其结构及功能类似于一个微型照相机，但远比照相机更精密、更准确。眼球由眼球壁和眼内容物所组成。

（1）眼球壁

眼球壁由外向内可分为三层：外层为纤维膜，中层为葡萄膜，内层为视网膜。外层纤维膜由纤维组织构成，坚韧而有弹性。前1/6透明的角膜和后5/6乳白色的巩膜共同构成完整、封闭的外壁，起到保护眼内组织、维持眼球形状的作用。角膜，俗称"黑眼珠"，是光线进入眼球的入口，位于眼球前极中央，透明，表面光滑，是重要的屈光间质；巩膜，俗称"白眼珠"，与角膜紧接，不透明，位于角膜周边和后方，占整个纤维膜的5/6，表面被眼球筋膜包绕，前面被球结膜覆盖。中层葡萄膜具有丰富的色素和血管，所以又叫色素膜，具有营养眼内组织及遮光的作用。自前向后又可分为虹膜、睫状体、脉络膜三部分。

虹膜呈圆环形，表层有凹凸不平的皱褶，这些皱褶像指纹一样，每个人都不相同，而且不会改变。虹膜中间有一直径2.5—4毫米的圆孔，叫作瞳孔。它依光线强弱可缩小或放大，以调节进入眼球的光线，就如同照相机的光圈；睫状体参与眼的调节功能；脉络膜链接于睫状体后，含有丰富色素，呈紫黑色，起遮光作用，就相当于照相机的暗箱。

内层视网膜是一层透明的膜，具有感光和传导神经冲动的作用，是视觉形成的神经信息传递最为敏锐的区域。视网膜上有感光细胞，包括锥体细胞和棒体细胞以及双极细胞和神经节细胞。在眼底视网膜中央有一小块碟形区域叫中央窝，其间含有密集的锥体细胞，具有敏锐的视觉、颜色和空间细节辨别力。在离中央窝15°附近，神经节细胞在此聚集成束形成视神经而进入大脑，这个地方叫盲点。

（2）眼内容物

眼内容物指眼球内的组织，主要包括房水、晶状体和玻璃体。三者均为屈光间质，有曲折光线的作用。房水为无色透明的液体，充满前后房，由睫状体的睫状突产生，具有营养角膜、晶体及玻璃体，维持眼压的作用。晶状体位于虹膜、瞳孔之后，玻璃体之前，借助悬韧带与睫状体相连，形状如双凸透镜，是一种富有弹性、透明的半固体，能改变进入眼内光线的屈折力，相当于照相机调焦的作用。玻璃体位于晶状体后面，充满眼球后部的4/5空腔，为透明的胶质体，主要成分为水，具有屈光和支撑视网膜的作用。这三部分加上外层中的角膜，就构成了眼的屈光系统。

外界物体发出或反射出来的光线经过这些透明的屈光介质后，在视网膜上形成一个倒立的图像，视神经把双眼获得的图像信息传递给大脑，再由大脑将颠倒的图像翻转，两眼图像组合，我们便可以清晰地看到外界的事物了。

二、从眼球转动读懂人心

提起摄像头，我想大家都不会陌生，因为在工作和生活场所，摄像头四处可见。摄像头的工作规律也非常简单，它就像一个会转动的摄像机，当它转动的时候，就会拍摄到不同的区域，所摄取的事物也会有所不同。人的眼睛和摄像头的原理非常相似，当眼球转动到不同的位置时，所看到的东西也会有所不同。看到的东西不同，对人大脑的影响也会不同，继而产生的心理活动也会产生不同的变化和差异。

从这个意义上讲，眼球是人心理活动的指示器，是思维活动的指南针。反过来讲，当人没有把注意力集中在对外界事物的摄取上，而是集中在对内部信息的加工上时，人的眼球也会随着心理活动的变化而产生相应的变化。换句话说，当人产生不同的心理活动或进行不同性质的思考时，其眼球转动也会相应地发生改变，而且不受人的意识控制。那么，眼球转动和心理活动之间有没有规律可循呢？答案是肯定的。

甄言堂研究人员历时5年，分批次对4410人次的志愿者（其中160人为左利手）进行调查研究，发现约有96.1%的志愿者呈现出眼球转动的共同规律，而有3.9%的志愿者，由于各种原因，不支持或不完全支持本研究的结论。

（1）眼球处于起始状态，思维活动指向当前，表示对当前活动的控制、占有或充满坚定和自信，如图3-2。生活中，当一个

图3-2　眼球居于正中间

人对我们自信而又坚定地说话时，其眼球一般会处在起始状态，也就是黑眼珠位于眼眶正中央的位置。最简单最直接的例子就是照相，照相时，由于需要将注意力集中到照相者身上，随时听候摄影师发出的指令，眼球一般会集中在当前位置。当一个人果断地做出了某种决定或专注于当下的事情时，我们常常可以观察到，其眼球会一动不动地停留在正中间位置。

（2）眼球向左侧转动，思维活动指向过去，表示回忆所经历过的场景、画面及感受，如图3-3。这里所说的左侧是指以被观察者为准，即被观察者的左侧，也就是观察者所看到的右侧（下同）。当一个人被要求回忆过去的某个具体情境或感受的时候，我们很容易就观察到对方的眼球向其左侧转动，如果不是被处在左侧的事物给吸引了，那么，其思维活动的指针就指向过去。

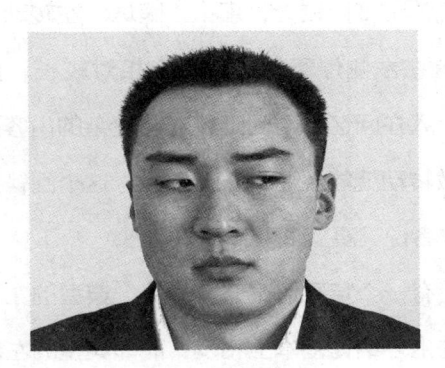

图3-3　眼球转向左侧

记得去年夏天的一个中午，我因为嗓子不舒服，准备到附近一家药店去买一盒华素片，结果药师却向我推荐铁笛片，在我还没有拒绝的时候，药师告诉我："这个药效果很好，每天都会卖出去很多盒。"我半信半疑，犹豫不决，因为，我是第一次听说铁笛片这个药，它的价格要比其他同类的药贵好几倍。于是我拿着药问服务员："今天早上一共卖出去多少盒？"问完之后，我便注意观察她的眼睛，我注意到，她的眼球突然转到了自己的左侧，停留了一秒钟，又回到起始位置，然后坚定地对我说："六盒。"看到此景，我决定买两盒试试，因为她说的是真话。后来发现：此药确实不错！

甄言堂进一步的研究还发现：回忆过去场景、画面和感受的难度与眼球转动的幅度有一定的正相关关系。如果回忆的内容刚刚发生过，或者说回忆的难度比较小，那么，眼球可能无须转动或略微向左转动就可以回答；假如要回忆的内容是很久以前发生的，或者回忆的难度比较大，那么，眼球向左转动的幅度就可能比较大，并且在左侧停留的时间也会相对较长。据此，我们判断，如果一个人在回忆非常困难或非常复杂的内容时，其眼球却不转动或略微转动就能快速作答，那么，这个回答有可能是事先准备好的，或者说其真实性非常可疑。

最后，还有一个特殊情况值得一提，典型的左利手，其眼球转动的情况与上述结论基本上相反，而非典型的左利手则仍然适用于以上的结论。

（3）眼球向右转动，思维活动指向未来，表示推理、计算和分析，对尚未发生之事的想象和憧憬，如图3-4。当人们被要求展望未来的时候,我们很容易就会发现其眼球不由自主地向右侧转动,此时,其心理活动的指针通常指向尚未发生的事情。比如,当你要求一个人描述一下20年后的样子,如果此人认真去想象20年后的样子,那么,其眼球便会不由自主地向右侧转动。再举一个例子,当你要求孩子口算89除以7,小数点后第三位的数字是几的时候,如果孩子并不想思考这个问题,或者只想随便说一个数字来应付这个问题,那么,孩子的眼球可能不会转动;如果孩子认真计算并回答这个问题,我们会看到孩子的眼球在眼眶里上下左右不停地转动,并且停留在右侧的时间要相对长很多,这表明孩子在认真计算,因为计算的过程需要依赖过去的某些公式和经验,同时也需要进行想象、推理和分析,才能计算出一个新的答案。

这里,我需要特别强调一下,眼球转动和说谎之间的关系非常密切。假如一个人被问到与过去相关的事情,其眼球会向自己

图3-4 眼球转向右侧

的左侧转动，通过回忆过去才能如实作答。假如发现其眼球转动到右侧，然后再作答，那么，可以据此判断这个回答并不一定完全属实。

记得在两年前，我应邀参加一家私人医院的收购谈判，这家医院的所有人虚构了许多信息来迷惑大医院的老板，并且还漫天要价，但是，这一切没有逃过我的眼睛。当被问道："你刚接手这家医院时，每年的平均毛收入大概有多少钱？"我注意到小医院老板的眼球先是转动到左侧，然后又转动到右侧，紧接着，他说出了一个让我震惊的数字："大约230万。"当时，我快速地捕捉到他眼睛转动的轨迹，并据此判断这个数字肯定有水分，他起初眼球转动到左侧，可能是想起了医院的真实收入，而后转动到右侧，表明他可能回忆起真实的收入之后，由于收入较低，怕说出来会影响被收购的价格，就故意抬高收入水平。

于是，我笑着说道："你报的收入可能有点高了，实际的收入是多少呢？"小医院的老板尴尬地笑了笑，眼球迅速转动到左侧，短暂停留后，又回到了起始位置，然后说："我记得可能也不是很准确，不过，每年至少也要收入150万左右。"收购方的老板认为，这个数字可能比较接近真相。后来，收购事宜谈妥，这家大医院以比自己最低心理价位又低了35万的价格收购了这家小医院。

（4）眼球向上转动，思维活动指向意识层面，表示正在进行思考、权衡和想象，此时说话内容会更加违心或意识化，如图

3-5。日常的人际交流，双方通常都会目光平视，这样双方都会感觉到尊重和真诚。如果你和别人谈话时，对方把眼球转动到眼眶的上方，那么，你可能就会离开其视线范围。此时，对方的行为可以解读为：他不想看见你，或不能坦诚地面对你，甚至你可以大胆地预测，他正在说的话或接下来要说的话是违心的、不真诚的，甚至压根就是谎言。

图 3-5 眼球转向上方

有时候，我们需要对当前形势进行分析判断、权衡利弊，此刻，我们的眼球也经常会不自觉地向上看。换句话说，如果一个人面对你的时候，他的眼球总是向上看，这表明他所说的可能不是真心话，但是却可能是此时最需要说的话，也是最符合当前情境的话。

2012年5月14日晚，在沈阳开往北京的D8次列车上，一位外籍男乘客将脚放在了前排一位沈阳大姐的头上，大姐先是客气地叫他把脚放下，这位外籍男士不仅不予理睬反而百般挑衅。稍后赶到的乘警则以"人家是艺术家"为由无奈劝女士"拉倒吧"。事后,这位外国人被证实是北京交响乐团的俄罗斯籍首席大提手琴奥列格·维捷尔尼科夫。

随后该乐团就此事进行了核实并对当事人进行了处理,奥列格·维捷尔尼科夫本人也通过视频进行了公开道歉。在道歉视频中,奥列格说道:"我特别就自己的行为深表懊悔,特此向这位女士和公众道歉,同时,我也特别为我个人的不良行为给北京交响乐团带来的不良社会影响深表歉意。"我注意到,他在说到"我特别就自己的行为深表懊悔,特此向这位女士和公众道歉"时,眼球却向上方转动,而说到"我也特别为我个人的不良行为给北京交响乐团带来的不良社会影响深表歉意"时,眼球却基本回到了正常的位置,表明奥列格本人对这位女士和公众的道歉可能并不是发自内心的,而对乐团的道歉则略显真诚一些。

据报道,道歉结束后,北京交响乐团依照团里的相关规定解除了与奥列格·维捷尔尼科夫的协议,并对其做出了开除出团的决定。

(5)眼球向下转动,思维活动指向潜意识,表示对当前所做的事情感到羞愧、尴尬或默许,如图3-6。一般来说,人在感觉到羞愧、尴尬或默许的时候,眼球常常向下转动,其目光也会暂时逃离,去关注自己身体的某个部位,表示重新审视自己,或以此来自我安慰。比如,孩子犯了错误,你狠狠地批评教育了他,他虽然嘴上表示不服气,但却在你面前低下了头,眼球也随之向

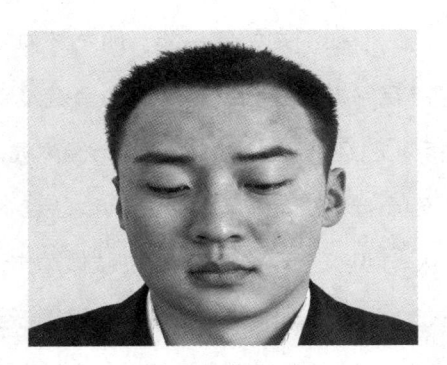

图3-6 眼球转向下方

下转动,这表示他可能已经认识到自己错了,并且正在进行反思,只是在语言层面不愿意承认这个错误,因为承认这个错误可能会让他没有面子或感到焦虑。如果父母观察到了这一切,最好能适可而止,正面教育,而不是穷追猛打,想要彻底征服孩子。其实,不仅是在家庭教育中如此,在日常的交流中也应该学会观眼识心,点到为止。

有一次,我们几个朋友一起去喝茶,不知谁突然提起了婚外恋的话题,当谈到第三者对婚姻的威胁时,其中一个年纪较大的女老师就对此展开了激烈的批评。此时,我突然看到坐在我对面的一个朋友肢体语言很丰富,她的眼球突然向下转动,然后顺带着低下了头,片刻之后又迅速地抬起了头。她是我好朋友的妻子,而我的朋友就坐在她的身边,难道她也有婚外恋吗?我不敢相信自己的眼睛。

聚会结束后,我和朋友聊起了他妻子,我正准备委婉地告诉他我刚才的判断，但却不知如何说起，朋友却似乎明白我的意思，从头到尾对我倾诉了一番：其实，他早就发现了妻子和初恋男友保持联系，已经闹了几次离婚了，都没离成，目前一直瞒着亲朋好友，不想让人知道。听了他的倾诉之后，我感到非常震惊。后来，我认真回忆了朋友妻子当时的肢体动作，摊开的双手先是轻轻地握在一起，然后眼球向下转动，微微低头，又迅速抬起来。这可能表明，她在听到别人说起婚外恋的话题时，想到了自己的事情，感觉非常尴尬，但当她发现自己的肢体动作可能会引起别人注意的时候，又立即把头抬了起来。

关于眼球向下转动的分析，需要强调的是，不同的人眼球向下转动时的表现不尽一致，有一些人是直视对方，仅仅只有眼球向下转动；还有一些人是低头和眼球向下转动同时进行。如果我们可以排除对方被什么东西吸引而转动眼球，那么，就可以直接分析判断了。

（6）眼球向左上转动，思维活动指向过去和意识，表示对过去的记忆进行回忆和思考，然后对回忆的内容进行适当的加工，如图3-7。眼球向左上转动是相对比较复杂的动作。图3-7中的眼球转动结果可能是经由三种轨迹最终形成的，第一种轨迹是眼球先向上，然后略微向左（即观察者的右侧，下同），最后运动至左上的位置；第二种轨迹是眼球先向左，然后略微向上，最后运动至左上的位置；第三种是直接运动至左上的位置。这三种眼球的运动轨迹所代表的心理活动过程略有差异。

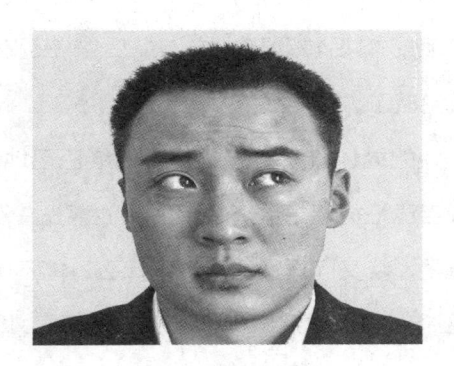

图3-7　眼球转向左上

第一种运动轨迹表明对方可能是先想好了回答的策略和方法，比如决定是说真话还是说谎言，然后才去回忆需要说的内容；第二种运动轨迹表明对方可能是先回忆到了要说的内容，然后才决定如何去回答，比如是更改时间，还是更换地点，抑或更换人物等；第三种运动轨迹表明对方不是临时决定如何应答，而是早已经想好了答案，并且这个答案多半掺杂着虚假内容。

记得有一次，我应邀参加一个企业的招聘面试活动，企业招聘的岗位是会计。人力资源总监反复叮咛，在面试中作假的人一概不录用。来面试的人不太多，其中有一个非常帅气的大学生在自我介绍的时候，对面试的人力资源总监说，自己曾是某大学的学生会主席，主持过许多大型活动，组织策划能力非常强。由于他在说话的时候滔滔不绝，根本不顾人力资源总监的感受，感觉是在背书，于是，我就打断了他，问他能不能讲述一下他自己组织过的第三次活动的相关情况。然后，我就看到，他的眼球先是很快转动到左侧，然后转动到上方，最后停在了左上方，我猜测，他可能要说谎了。

接下来，他的描述着实不怎么样，结结巴巴地说了几分钟，然后又解释说自己记得不是很清楚，显然他事先并没有预料到这样的问题。于是，我又问真实的情况是什么，能不能说说真实的情况。听到这个问题，他突然低下了头，然后，才说出了实情：原来他只是一个学校本年级文艺部的部长，并且只干了两个月就不干了，原因是他组织了两次活动，参加的人很不配合，他很生气，一怒之下，就辞职不干了。按理说，这个学生是不能被录用的，但鉴于他并没有坚持自己的谎言，而是很配合地说出了实情，后来，在我的强烈建议下，这个大学生被成功地录用了，并且他表示，以后会在工作中认真地对待每一件事，真诚地对待每一个人。

（7）眼球转动至左下，心理活动指向过去和无意识，表示对已经发生的事情感到后悔、尴尬或表示愧疚，如图3-8。眼球转向左下方与说谎关系不大，但是其传递的信息意义却非常重要。图3-8所示的眼球转动结果可能是经由三种轨迹而最终形成的：第一种轨迹是眼球先向下，然后向左，最后运动至左下的位置；第二种轨迹是眼球先向左，然后略微向下，最后运动至左下的位置；第三种是直接运动至左下的位置。这三种的运动轨迹所代表的心理活动过程略有差异：第一种表示当事人有后悔、尴尬和愧疚的感受后才去回忆并反思；第二种表示当事人在回忆并思考之

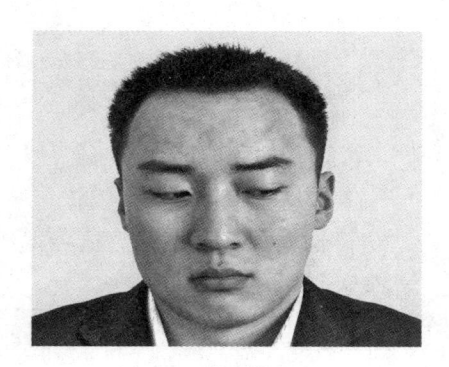

图 3-8 眼球转向左下

后而感到后悔、尴尬和愧疚；第三种则表示在想到某件事情的同时就感到了后悔、尴尬和愧疚。

当眼球向左下转动时，有些人的动作幅度会非常大，把整个头连同眼球一起转动向左下，虽然可能会导致观察者看不到对方的眼球转动轨迹和结果，但是这种情况下，被观察者所说的话往往是发自内心的，是完全可以相信的。

（8）眼球向右上转动，思维活动指向未来和意识，表示对未来的夸张想象或不合理憧憬，如图 3-9。这里需要强调的是，当被问及过去或被询问某种感受时，眼球向被观察者的右上转动是一个比较常见的说谎特征。我们所看到的图 3-9 中的眼球转动结果也可能是经由三种轨迹最终形成的：第一种轨迹是眼球先向上，然后略微向右，最后运动至右上的位置；第二种轨迹是眼球先向右，然后略微向上，最后运动至右上的位置；第三种是直接运动至右上的位置。

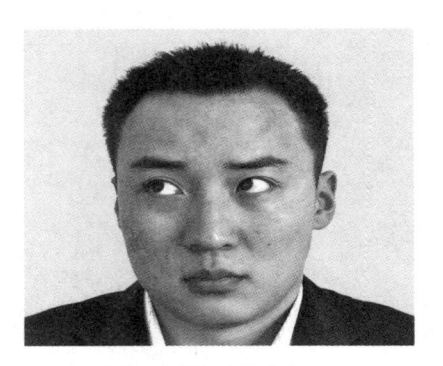

图3-9　眼球转向右上

　　这三种的运动轨迹所代表的心理活动过程也是不一样的：第一种运动轨迹表明对方可能是先想好了回答问题的整体思路，然后才去构思所表达的内容，这些内容常指向未来或纯属凭空想象；第二种运动轨迹表明对方可能是先构思需要回答的内容，然后才决定以何种方式来表达；第三种运动轨迹表明对方不是临时决定如何应答，而是早已经想好了答案，且这个答案多半掺杂着谎言。

　　在一次课程中，有一个中年女性学员在课间哭丧着脸告诉我，听完眼球转动识谎这一部分内容后，出于好奇，她当天晚上就想使用一下，于是就问老公："为什么回来这么晚？"结果，她看到老公眼球转动到了他的右上侧，然后说："陪几个客户去吃饭，吃完饭后去唱了一会儿歌。"她看到这个情况，心头一惊，虽然不是那么自信，但还是怀疑地问了一句："你在骗人吧？"令她没想到的是，老公突然很严肃地对她说："你既然已经看出来了，我就用不着再隐瞒了。瞒了这么多年，太累了。"说罢，老公便一五一十地把自己最近五年的婚外情经历告诉了她，她这才如梦方醒。

最后，强调一下，在利用眼球转动识谎时，假如所提的问题与过去的人、事或感受有关，那么，对方在回答问题时往往需要回忆，眼球理应向其左侧转动。如果眼球向右侧转动，尤其是右上方向，就几乎可以断定对方是在说谎。但是，如果观察者所提出的问题是关于未来的，被观察者的眼球转动至右上方，就不能判定对方是在说谎，而要考虑被观察者所说内容是否夸夸其谈、好高骛远。

（9）眼球向右下转动，心理活动指向未来和潜意识，表示对即将发生的事情不自信、没有把握或比较担忧，如图3-10。从统计数据来看，这是一个不太常见的动作，这种动作可能会经由三种轨迹而最终形成：第一种轨迹是眼球先向下，然后略微向右，最后运动至右下的位置；第二种轨迹是眼球先向右，然后略微向下，最后运动至右下的位置；第三种是直接运动至右下的位置。这三种的运动轨迹所代表的心理活动过程也是不一样的：第一种运动轨迹表明被观察者可能已经处在一种焦虑、担心的情绪之中，然后才想到未来的事情，对自己所说的话没有十足信心；第二种运动轨迹表明对方可能只是在提到未来的某件事情时才会感觉到焦虑、担心，并对自己处理好此事情缺乏信心和把握；第三种运动轨迹表明对方对当前所说的话没有信心，或者就是在说谎。

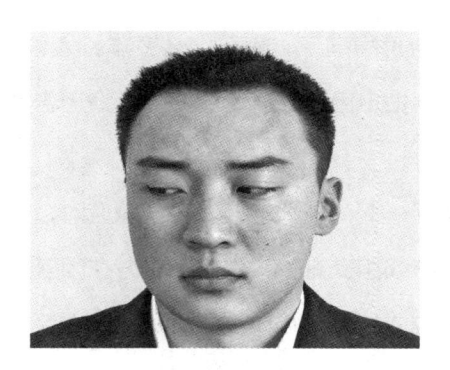

图 3-10　眼球转向右下

有一次，一个学员在听我讲座之后说，他是某单位的领导，想要在单位举办一次讲座，邀请我过去讲课。于是，我就随便问了诸如"听课的对象是什么样的人群？大概有多少人？讲课的时间是什么时候？"之类的问题，他也认真地说了一下自己的想法。在快要说完的时候，他突然停顿了一下，我注意到，他的眼球迅速转动到右下的位置。当时，我立刻判断：这个培训不一定能办成。果然不出我所料，半个月后，我接到了他打来的电话，称单位最近突然有任务，上级领导来检查工作，讲座得延期，然后这件事就此搁置。直到半年后，这个课程才在多方努力之下举办成功。

最后，关于利用眼球转动来读心识谎，需要注意以下三个基本问题：一是人的眼球转动主要受神经系统控制、受无意识支配，人在说话的时候，几乎无法通过自己的意识按照主观的意愿来决定眼球的转动，人可能会控制眼球一时的转动，却很难长时间在交流的过程中控制眼球按照自己的主观意愿来转动；二是眼球转动的过程都是很短的，通常不会超过一秒，一不留神就可能会错过，所以，观察眼睛转动时必须全神贯注，不仅要观察眼球转动的结果，还要观察眼球转动的轨迹；三是从眼球转动得出的读心识谎结论并非一定是完全准确的，因为，眼球转动除了受心理因素影响，有时还会受许多外在因素的影响，比如，眼睛的疾病、眼睛里进了杂物、外界事物的干扰和影响等。因此，在得出结论的时候，必须综合考虑，结合当时的实际情况，不可轻易地下结论。

三、眼球转动的相关实验证据

为了探寻人的眼球转动和思维活动之间的关系，甄言堂研究人员先后做了许多实验，终于发现了眼球转动与思维活动之间的基本规律，现将其中三个典型的实验分享如下：

实验一：目光投射绘画实验

第一部分：要求228名实验参与者在一张A4纸上分别画出三棵树，代表自己的过去、现在和未来。结果225人均将代表过去的小树画到了A4纸的左侧，而将代表未来的小树画到了右侧，代表现在的小树画到了正中间，并且小树从左到右，按照从低到高的顺序依次排列。另外3人所画的小树选择上下排序或反序排列。

第二部分：要求另外185名实验参与者在一张A4纸上画出6岁时的自己、现在的自己和60岁时的自己。结果183人都将6岁时的自己画在最左边，而将60岁时的自己画在最右边，将现在的自己画在了中间。另外2人将所画的人上下排列或反序排列。

实验结论：人们倾向于把与过去有关的回忆投射在自己左侧的视域内，把对未来的憧憬投射到自己右侧的视域内，而将当下的所闻所见或感受投射到过去和现在的视域之间。

实验二：词语填写投射测验

第一部分：要求75名心理学专业的大学生实验参与者，将过去、现在、未来、意识、前意识、潜意识六个词语，在一分钟内分别填写到一张A4纸上的不同区域内，结果发现72人都将过去、现在、未来按照从左到右的顺序排列，并将意识、前意识、潜意识按照从上到下的顺序排列。其余3人由于各种原因没有填写完所有的词，其测验结果没有计入统计结果。

第二部分：要求另外79名实验参与者，将小时候、这几天、几年后、虚情假意、坚定不移、言不由衷六个词语，分别填写到一张A4纸上不同的区域内，结果表明：其中有6名参与者所填写的结果没有固定的规律可循，不支持本实验结论；有20人的填写结果不完全符合实验预定目标，部分支持了本实验的研究结论；有53人都将小时候、这几天、几年后按照从左到右的顺序排列，并将虚情假意、坚定不移、言不由衷按照从上到下的顺序排列，完全支持本实验研究的结论。

实验结论：人们在潜意识中会将自己的记忆和特定词语对应起来，并会按照规律投射到相应的承载物上。其规律就是：人们倾向于把与过去有关的记忆投射在自己左侧的视域内，将与未来有关的想法投射到自己右侧的视域内，而将当前正在体验的感受或想法投射在中间的视域内；将源自意识的内容投射到偏上的区域，而将源自潜意识的内容投射到偏下的区域，将源自前意识的感受和想法投射到中间的区域内。

实验三：转动眼球说话实验

第一部分：要求22名被试者，在放松的状态下，分别先把眼球转动到左侧和右侧，然后随机地报告出现在大脑中的事情和想法。经过对其所报告的内容进行分析，结果发现：当被试者眼球转动到其左侧时，有21名被试者所报告的内容都与过去有关，另外1人所说内容时间指向不明显；而当被试者眼球转动到其右侧时，有19名被试者所报告的内容都是指向未来的，另外3人所报告内容指向不明显。

第二部分：要求22名被试者，在放松的状态下，分别先把眼球转动到上方和下方，然后随机地报告出现在大脑中的事情和想法。经过对其所报告的内容进行分析，结果发现：当眼球转动到上方时，被试者中的18人所说的内容都十分离奇，让人费解，甚至连他们自己也不太相信和理解；而当眼球转动到下方时，19名被试者所说的内容都与反思过失和总结教训相关，语言真诚，算是肺腑之言。

实验结论：眼球转动与思维活动之间的关系非常密切。在无意识状态下，人的眼球转动到不同的位置，思维活动指针则会指向不同的内容，并且两者之间呈现出规律性的变化：眼球转动至左侧，思维活动指向过去；眼球转动至右侧，思维活动指向未来；眼球转动至上方，思维活动指向意识；眼球转动至下方，思维活动指向潜意识。

四、透过瞳孔看人心

瞳孔就是眼睛虹膜中间的一个小圆孔，也就是我们平时所说的"瞳仁"，如图3-11所示。瞳孔虽然不是眼球光学系统当中的一个屈光元件，但却起着重要的作用。瞳孔不仅可以对明暗做出反应，调节进入眼睛的光线多少，也会影响眼球光学系统的焦深和球差。瞳孔就像照相机里的光圈一样，可以随光线的强弱而变大或缩小。摄影师在照相的时候都明白这样一个道理：如果光线强时，就要把光圈开小一点；如果光线暗，则要把光圈开大一点，始终保证足够的光线通过光圈进入相机，使底片能正常曝光，但又不让过强的光线损坏底片。瞳孔也具有这样的功能，只不过它对光线强弱的适应是自动完成的。

在虹膜中有两种细小的肌肉：一种叫瞳孔括约肌，它围绕在瞳孔的周围，宽不足1mm，主管瞳孔的缩小，受动眼神经中的

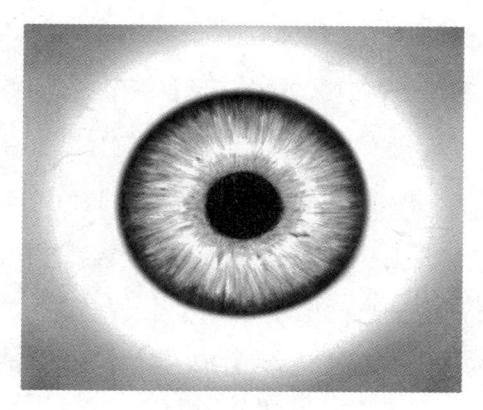

图3-11　瞳孔

副交感神经支配；另一种叫瞳孔开大肌，它在虹膜中呈放射状排列，主管瞳孔的开大，受交感神经支配。这两条肌肉相互协调，彼此制约，一张一缩，以适应各种不同的环境。瞳孔括约肌和瞳孔开大肌，是人体中极少数由神经外胚层分化而来的肌肉。

眼睛瞳孔的变化范围可以非常大，有时用肉眼也可以看得清楚。成人瞳孔直径一般为2.5—4毫米，呈正圆形，两侧等大。当极度收缩时，瞳孔的直径可小于1毫米，而极度扩大时，可大于9毫米（一般来讲，小于2毫米叫瞳孔缩小，大于5毫米叫瞳孔开大）。通过瞳孔的自动调节，人可以始终保持适量的光线进入眼睛，使落在视网膜上的物体形象既清晰，又不会有过量的光线灼伤视网膜。

瞳孔的大小与人的年龄、性别、生理状况、外界刺激和情绪等因素有关。一般来说，老年人瞳孔较小，而幼儿期至成年期的瞳孔较大，尤其在青春期时瞳孔最大；女性的瞳孔平均尺寸大于男性；近视眼患者的瞳孔尺寸大于远视眼患者；使用匹罗卡品、吗啡等药物时，可能使瞳孔缩小；而使用阿托品、新福林、肾上腺素等药物时，可能使瞳孔开大；深呼吸、脑力劳动、睡眠时瞳孔会缩小；情绪紧张、激动、惊讶、高兴时瞳孔会开大；而厌恶、忧伤、蔑视、愤怒时瞳孔会缩小。

这里需要强调的是，人在感到恐惧的时候，瞳孔则是先放大，再缩小。这是因为，恐惧是一种特殊的情绪，由惊讶和恐惧组合而成，在恐惧产生之前，首先产生的是惊讶，但由于惊讶产生的时间极其短暂，在惊讶消失的时候，恐惧才随之产生，其心理活动是：突然看到某个事物而感到惊讶，评估后感受到了威胁，于是就产生了恐惧。所以，人在感觉到恐惧时，正常的反应是瞳孔先放大，然后立即缩小。因此，如果我们仔细观察一个人的瞳孔，便很容易从中获得对方情绪情感变化的信息。心理学家埃克哈德·赫斯曾经指出，人们永远也无法控制他们自己瞳孔的反应变化，瞳孔的变化能一丝不差地泄露真情。换句话说，瞳孔的放大或缩小能清晰地显示出人对眼前事物的兴趣或喜好程度；观察一个人的瞳孔缩放变化，便可以准确地掌握其心理变化。

尽管仔细地观察瞳孔可能会获得一些重要的心理信息，但是在正常的社交距离上，想要仔细地观察对方的瞳孔还是有些困难的。如果总是盯着某个人的瞳孔看，会很容易让对方变得紧张不安，并且显得不太友好。其实，如果用肉眼观察不到对方瞳孔的变化，也无须沮丧，因为，如果不借助工具，瞳孔的变化实在是太不容易被观察到。好在一个人的瞳孔在变化的时候，还会附带着相关的肢体动作，比如，瞳孔在缩小的时候，人的身体通常会在无意识中远离刺激源，或改变身体的位置，侧身、扭头或后倾；在瞳孔放大的时候，人的身体通常会不自觉地靠近刺激源，或调整身体的位置，尽可能保持面对面，以便可以清楚地看到对方。

如果你是女人，想知道眼前的这个男人对你是否有好感，但你又不好意思盯着对方的瞳孔看，不用担心，男性瞳孔的变化常常会伴随许多肢体动作，仔细观察，我们不难发现，对方可能会有吞咽口水、睁大眼睛、将手指放在嘴边等肢体动作。这一切与其内在的神经内分泌系统发生变化有关，主要是由于这些变化会使肾上腺素和儿茶酚胺处于较高水平，进而使其瞳孔也随之扩大。其心理的意义在于，瞳孔放大表明对方是一个受欢迎的人，或者说，对方是一个让人快乐和兴奋的人，而当对方看到你的瞳孔放大时，也会产生类似的好感和瞳孔放大的反应，这样一来，两人之间就会产生一种默契的良好的心理互动。

在中世纪的意大利，就曾经有许多女人使用颠茄作为扩大瞳孔的普遍方法。在意大利语里，颠茄的含意是"漂亮的女人"。当然，她们中的不少人也为此付出了不可逆转的视力损毁，甚至是失明的代价。

心理学家埃克哈德·赫斯曾经用五幅图片进行瞳孔反应测试，

图片分别是一个裸体男人、一个裸体女人、一个婴儿、一张母亲和婴儿的合影、一幅风景画。测试结果与预测的完全一致：男人在看到裸体女人画时瞳孔扩张得最明显；男同性恋的瞳孔则是在看到裸体男人的画时变得最大；而女人是在看到母婴合影时瞳孔极度扩张，其次是裸体男人画。

在15名专业的纸牌游戏玩家参与的另一种瞳孔测试实验中，研究人员发现：只要这些专业玩家的对手们戴上墨镜，专业玩家们即使浴血奋战，其获胜的概率也会大大降低。比如，在我们身边玩得最多的纸牌游戏是"诈金花"，如果某个对手一下子拿了三条A或三条K，他很可能就会不自觉地瞳孔迅速扩张，有经验的玩家能够敏锐地观察到这种变化，于是在这一轮便不会跟着下赌注。如果戴上墨镜，瞳孔就不会再泄漏任何信息，所以，即使专业玩家，其赢面也会大打折扣。

在商业领域人们常常利用瞳孔变化对人情绪的影响来促销，例如为了招揽顾客，商家常常把广告海报中模特的瞳孔修改得很大，认为这样能增加模特的吸引力，提高商品的销量。美国有一家超市做过这样一个实验，在一家商场的口红宣传册上，将模特的瞳孔修改成原来的2倍。结果发现，口红的销量比原来增加了40%。

五、眼去眉来泄露天机

眉毛是眼睛上一个特殊的组成部分，它由眉头、眉梢、眉体三部分组成。眉毛的内侧较粗圆，稍低于眶缘，称为眉头；外侧呈尖细状，略高于睑缘，称为眉梢；眉头与眉梢之间相对平直的部分称为眉体或眉腰；在眉体与眉腰相接处是眉的最高点，称为眉峰。眉头内端一般位于眶缘稍上方，其尾端在眉峰、鼻翼外缘和外眼角连线的延长线上；眉体一般较为平直，位于眶缘之上；眉峰位置应是自眉梢至眉头的直线距离外 1/3 处。

眉毛有三个基本的功能。首先，眉毛是保护眼睛的第一道防线，如果人没有去刻意地修剪眉毛，眉毛自然生长就会像房檐一样，长长地伸出来，可以有效地防止灰尘和杂物进入眼睛。眉毛的第二个作用是装饰、点缀和美化。眉毛虽然不多，但其位置非常重要，如果哪个人没有眉毛，或者眉毛极其稀疏，看起来就会非常奇怪，许多女人为了装扮自己漂亮的容颜，常常会在眉毛上做文章。当然，假如从肢体语言分析的角度来审视的话，眉毛还有第三个重要的作用，它的动作和形态可以体现人内心丰富的情绪情感体验。在我们汉语成语当中，通过眉毛来形容情绪的词汇就非常多，比如，喜上眉梢、愁眉不展、愁眉苦脸、横眉冷对、眉来眼去、眉飞色舞、眉开眼笑等等。这表明，眉毛的动作和变化可以传递丰富的心理信息，所以在解读人的肢体语言时，眉毛所传递的信息是不能忽略的。毫不夸张地说，眉毛是一个人情绪的"显示器"。

下面，我们就来分析一下眉毛基本的变化和运动的具体意义，如图 3-12 所示：

图（1）　　　　　图（2）　　　　　图（3）

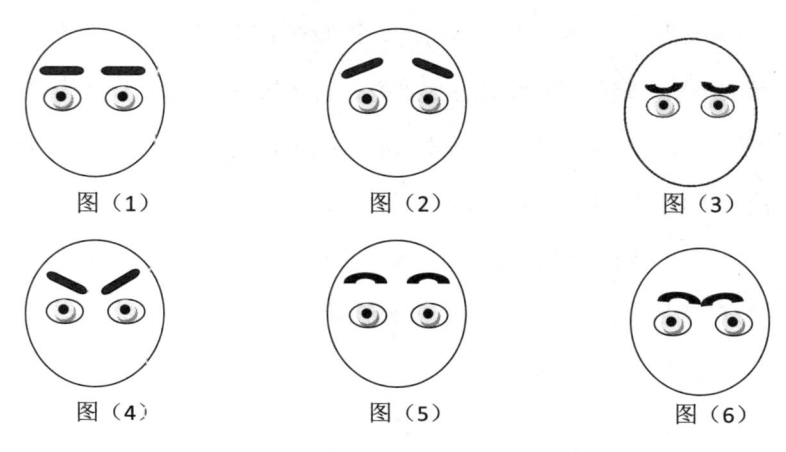

图（4）　　　　　图（5）　　　　　图（6）

图3-12　眉毛运动变化图

　　图（1）所示的眉形，眉梢、眉头和眉体成一线，形成一字形，俗称"卧蚕眉"，代表着平静、平和、冷静和情绪稳定，内心有一种坚定、执着、顽强的信念和力量。

　　图（2）所示的眉形，眉梢下降、眉头上抬、眉体向外倾斜，呈八字形，俗称"八字眉"，代表着迷茫、糊涂和不知所措的感受，内心感到焦虑、失望和担心。

　　图（3）所示的眉形，眉梢略微上扬，眉头上抬、眉体向内倾斜，呈圆弧形，代表着高兴、兴奋和喜悦，表示对当前的事物产生极大的兴趣。

　　图（4）所示的眉形，眉梢上翘、眉头下压、眉体向内严重倾斜，呈倒八字形，代表着愤怒、厌恶和憎恨，内心有一种攻击和破坏的力量被压抑着。

图（5）所示的眉形，眉体上抬，眉梢和眉头两头下沉，眉头呈曲线，代表着惊讶、恐惧的感受，内心对当前所见所闻感到意外和不可思议。

图（6）所示的眉形，眉头紧皱、眉体下压、眉梢上扬，呈倒八字形，代表着忧愁、烦恼和痛苦，内心感觉到压力巨大、忧心忡忡和难以释怀。

总之，眉毛传递给人的信息，远不止眉毛本身，其任何一个变化可能都会折射出当事人的内心变化。眉毛如果长期按照某种运动规律变化，可能会形成特定的眉形，而这种眉形会表现出人的某种身心特征和行为习惯，并且这种眉毛还会以遗传的方式一代一代地传下去，因此，我们有时甚至可以借助眉形来判断一个人的性格特点和处事风格。

中国古代识人术一直认为，从眉毛中能看出许多人的性格特点，并预知人生命运，比如，眉毛长的人身体虚弱多病，眉毛和眼睛中间有黑痣的人上进心强，眉毛浓重的人多情重义，双眉连心的人多贪财好色，眉清目秀的人出身高贵、有大富大贵之相，眉如柳叶之人天资聪颖、多愁善感，眉如新月的女人多情温柔、善良贤淑，眉毛中间有间断者薄情寡义、穷凶极恶，眉毛呈螺旋状的人生性多疑、虚荣心强。

看眉识人方面，古人非常讲究，曾有"三看三忌三宜"之说。"三看"分别是：一看浓淡，二看清杂，三看眉形，并且认为，眉毛清秀疏淡者福禄尊贵，眉毛浓厚粗杂者低贱贫苦，眉毛长垂过目者忠厚长寿，眉角齐入两鬓者才高八斗、英俊潇洒，等等。"三宜"指眉毛宜长、宜秀、宜清，长则高寿，秀则福禄，清则聪慧。而"三忌"则是指天生之眉毛忌短、忌散、忌杂，短则贫寒，散则孤苦，杂则粗俗。

虽然说，古人看眉识人的结论是通过不完全的归纳得出来的，其科学性尚待考证，但通过眉毛获得心理信息的思维和观念早已系统成形，并且指导着古人读心识人的活动，对于我们今天研究解读肢体语言具有一定的启发作用和借鉴意义。

六、眨动的眼睛会说话

眨眼是最常见的眼部动作。一般来说，眨眼的动作有三种情况：第一种情况是随意性的眨眼，即在没有意识参与的情况下，不由自主地眨动眼睛；第二种情况是保护性的，即当遇到有潜在危害性的视觉刺激，如强光、强射线、恐惧画面时，会被迫眨眼；第三种情况是由自主发生的眨眼，即为了缓解眼部疲劳或调整观察状态而主动眨眼。

甄言堂研究人员曾在英国著名制片人瓦特斯等人对眨眼研究的基础上，进一步研究发现，如果一个人一生当中平均要眨眼4.15亿次，则平均每天眨眼约1.7万次。在一个人正常放松的状态下，会每分钟眨眼6—8次，每次眨眼时眼睛闭上的时间只有1/10秒。但是，在两个人交流的时候，人平均每分钟眨眼15—20次，每次眨眼要用0.3—0.4秒，每两次眨眼之间相隔约2.6—3.7秒。

在生活中，当一个人碰到自己感兴趣的事物时，常常会目不转睛，想要把它看个清楚，而对一个事物不感兴趣的时候，眼睛则会闭多睁少，其潜意识是想将眼睛遮盖起来。甄言堂研究人员曾经做过一个实验，从参加某门课程结课考试的70个大学生中，选择10个考试作弊的学生和10个没作弊的学生，分别进行3分钟的询问，结果表明：由于突然被询问，学生们感到意外从而紧张和焦虑，因此，没有作弊的学生眨眼的频率会明显升高，但随着盘问接近尾声，其眨眼频率有所降低；而作弊的学生眨眼的频率则在一开始有明显控制，眨眼频率很低，但随着盘问的深入，其眨眼的频率大幅提高。这可能是由于作弊的学生为了逃避责罚，有意撒谎，在接受盘问时刻意地保持冷静，有意控制眨眼的频率，但是，随着盘问的深入，眨眼的动作很难长时间受意识控制，频率便会大幅提升。

英国朴次茅斯大学的研究也发现：与说真话的人相比，说假话的人一开始眨眼频率会放慢，但讲完后会加快到一般频率的8倍。美国《非语言行为》的研究也发现：在接受测试时，人们虽然在说真话，由于紧张，眨眼频率也会微微上升，但人们在说谎时，眨眼频率先是下降，然后大幅上升。甄言堂研究人员通过研究发现：人在说谎时，眨眼的频率与感受到的压力有密切的正相关关系，由于要承受较大的压力，说谎者眨眼的频率会比平时提高3—5倍。2011年5月，一手策划击毙本·拉登的美国前中情局局长帕内塔接受媒体采访，在讲述击毙本·拉登过程的27秒时间里，眨眼38次，远远超出了正常人眨眼的频率，从而不得不使人怀疑本·拉登被击毙全过程的真实性。

这里需要特别指出的是，当说谎者眨眼频率特别高时，往往会容易引起自我觉察，为了更好地隐藏说谎带来的压力和焦虑，说谎者可能会以视觉阻断来掩饰其眼睛里传递出来的线索。

那么，什么是视觉阻断呢？简单地说，视觉阻断就是当个体感受到威胁刺激或碰到自己不喜欢的事物而又无法回避或逃跑时，便会不自觉地切断与这些事物的直接视觉联系，通过避免"看到"不想见到的事物来保护大脑不受到影响或侵袭。具体的动作表现形式有很多种，如用手遮住眼睛、主动闭上眼睛等，如图3-13所示。

图3-13　视觉阻断行为

七、观眼识人的"秘诀"

意大利文艺复兴时期的著名画家达·芬奇曾经说过："眼睛

是心灵的窗户。"他当时说这句话时，是从人物画的角度来说的，意思是说，眼睛是人的灵魂，从眼睛中可以窥探到人物的内心世界。

其实，早在两千多年前，孟子就已经把观眼识人的道理说得非常清楚了。孟子曰："存乎人者，莫良于眸子。眸子不能掩其恶。胸中正，则眸子瞭焉；胸中不正，则眸子眊焉。听其言也，观其眸子，人焉廋哉？"意思是说，观察一个人，最好的办法莫过于观察他的眼睛。眼睛掩藏不了他（内心）的邪恶。心胸正直，眼睛就明亮；心胸不正，眼睛就浊暗。听他说话，同时观察他的眼睛，这个人的善恶还能隐藏到哪里去呢？由此可见，认识一个人，有时仅通过观察其眼睛就能基本得出一个比较深刻而准确的判断。

中国古人曾经从几千年的相面识人术中总结出观眼识人的一套技法，认为：醉眼之人为酒色破财相；睡眼之人为贪贱孤苦相；惊眼之人为胆弱夭折相；淫眼奸邪为淫色相；病眼之人身体积弱多疾病；龙眼之人忠心耿耿，可委以重任；虎眼之人威严英武，有大将之才；马眼之人多平庸，志向不高；鹿眼之人性情急躁，富有感情；猴眼之人机敏、多疑；鱼眼之人多愚笨，有短命之相；鼠眼之人灵活好动，有盗窃之嫌；羊眼之人多奸诈，内心邪恶；鸡眼之人性情焦躁、歹毒、孤僻、人缘差；而丹凤眼之人则智慧聪明、机智灵活。

甄言堂研究人员通过观察也发现：目光坚定敏锐的人，做事有主见，果断坚定，善于决策；目光游离躲闪，不敢直视他人，经常回避别人眼神的人通常缺乏判断力，做事犹豫不决，瞻前顾后，容易错失良机；眼睛有光泽的人多半聪颖智慧、智商较高、随机应变能力强；喜欢偷窥的人奸诈狡猾、贪财淫乱，喜欢乘人之危、幸灾乐祸；眼睛经常朝上看的人大概率孤芳自赏、骄傲自满、目中无人，不易与之相处；眼光经常向下看的人多疑、拘谨、自卑胆小，难成大事；眼神扑朔迷离、飘忽不定的人内心经常不安分，非偷即骗，需要多加提防。

第4章

探访"耳鼻喉科"

"你怎么可能知道我在说谎?"

"宝贝,谎话是很容易认出来的,因为谎话只有两种:

一种生着短脚,另一种生着长长的鼻子。

不信你看,你的谎话就是长鼻子的那一种。"

——《木偶奇遇记》

在医院耳鼻喉科，医生会依据我们耳鼻喉的症状特点来辅助做出诊断和治疗，而在肢体语言的研究中，我们对于"耳鼻喉"部的肢体动作所传递的信息，也要细细地分析和探究。由于耳朵、鼻子、喉咙（颈部）与大脑的距离都非常近，受大脑的控制更为准确、更为精细，因此，这几个部位的每一个动作都有可能直接传递着重要的信息，读懂这些信息，对洞察一个人的内心世界非常有意义。

一、倾听耳朵中传来的心理信息

耳朵是人体唯一的听觉器官，其主要功能是获取外界的音频信息。耳朵可以识别的声音频率在20—20000赫兹之间，对于1000赫兹左右频率的声音感受性最高。从听觉系统的生理结构来看，耳朵由外耳、中耳和内耳三部分组成。外耳用来搜集声音刺激，中耳将声音的振动传送到内耳，而内耳的感受器则把振动的机械能转化为神经能。

人在接收外界的声音信息时，如果这个声音是听者感兴趣的，那么听者的耳朵会直接对准声音源，耳朵会有一个轻微的振动，甚至有些人会用手臂和肘部支撑着下巴，并保持身体静止，以确保外耳能更精准地捕获外界的声音信息。如果听者对听到的声音不感兴趣，或者不愿受到这个声音的干扰、威胁和影响，就会通过捂耳朵、塞耳朵等动作来避免自己的大脑受到影响，这种行为，我们称之为听觉阻断反应。

听觉阻断反应是以阻断听觉为核心的一组肢体动作反应，其目的是阻止外界的声音信息进入大脑，进而产生不必要的心理影响。

阻断反应有两种：一种是由于个体主观上不愿意听到某个信息，在意识的支配下，主动地阻断与外界信息的联系——分析产生这种动作的心理意义非常简单，一般人都可以轻易地办到；另一种却是由于潜意识的反感、拒绝、厌恶或心理压力导致的，是个体被迫做出的阻断动作，具有非常重要的分析价值。

当一个人被批评、被指责、感觉内心压力很大或者在说谎的时候，血压就会逐渐升高，心跳随之加快，进而导致其耳朵表面的温度迅速升高，甚至出现又红又胀的样子，同时还可能会引发刺痒的感觉。虽然在正常情况下，耳垢、霉菌、过敏或干燥偶尔也会引起耳朵刺痒的感受，但这种感受是可以暂时忍受的；而由于情绪原因引发的刺痒感受往往会诱使人们做出许多令人猝不及防的小动作，如摸耳朵、拉耳朵、掏耳朵、捂耳朵等，其心理目的主要是为了迅速散热降温，缓解刺痒的感受。恰恰是这些不经意的小动作，准确地暴露出了其当下的心理状态和心理秘密。

此外，必须强调的是，摸耳朵、拉耳朵、掏耳朵、捂耳朵这些小动作更多地是在男性的身上可以观察到，而女性则经常是以摸耳环、捏耳垂、撩头发等女性化的小动作来表达其内心的感受，传递其内心的秘密。

生活中，我曾经多次求证与耳朵相关的肢体动作的意义。记得有一次，我刚休假回来，参加我们部门年度表彰总结大会。虽然我对单位近期发生的事情一无所知，但我相信，如果仔细观察同事们的反应，应该能获得很多信息。于是，当领导开始发言的时候，我就注意观察：当领导开始表扬获奖的先进个人时，我看到有几个同事乐得嘴都合不拢了，一直用手遮挡着自己的嘴，生怕别人看出他们的窃喜；但当领导不点名地批评某些人的某些行为时，所有的人都面面相觑，不知道是谁因为做了什么事情而受到了批评。我注意到在领导批评的话语刚刚出来的时候，同事小朱突然用手掏了一下耳朵，紧接着，在领导长达三分钟的批评过程中，小朱前后共有四次掏耳朵的行为，而其他人却都没有这个动作，此时的掏耳朵动作可以被看成是象征性地阻断领导批评的声音进入耳朵。于是，会议结束后，我悄悄地问小朱："最近又犯了什么事，被领导盯上了？"他说："什么事都逃不过你的眼睛。如果你不问我，这将是一个秘密，现在，除了我和几个领导，其他人都不知道。"事后，他悄悄地告诉我，他不小心闹出了教学事故，还瞒着没告诉领导，直到部门领导被学校督学批评，他才向领导承认了错误。

当然，单凭一个掏耳朵的动作来做出准确的判断是要冒风险的，但如果结合当时的环境，以及被观察者的连续行为，并对比周围人的表现，再得出这样的一个判断，就显得比较真实可靠了。

二、用鼻子嗅出心理的味道

鼻子的重要作用是不言而喻的，没有鼻子，人的生存都会成为问题。鼻子是呼吸道的起始部分，是最重要的嗅觉器官，既能净化吸入的空气并调节其温度和湿度，还可以辅助发音，帮助人们完成各种声音表达和信息传递。在我小的时候，常常听大人说，小孩子要实话实说，不能说谎，要不然，鼻子会长长，很难看。后来，我看了动画片《木偶奇遇记》，决定无论如何也要做一个诚实的孩子，我可不愿意像匹诺曹一样，长个长鼻子，最后还要变成一头驴子。在这种谎言的恐吓之下，我在儿童时代一直表现得非常诚实。

再后来，出于好奇，我小心翼翼地对父母说了一些谎，然后偷偷地用手去摸自己的鼻子，发现鼻子并没有长长。我心里很是困惑，开始怀疑大人是不是在吓唬我。小时候，这个疑问一直盘旋在我的心头，没有被解开。

自从开始从事肢体语言解读与心理分析的相关研究工作之后，我终于发现了这其中的"秘密"——原来所谓的鼻子长长是这么回事。

美国芝加哥嗅觉与味觉治疗与研究基金会的科学家们发现：当人在撒谎的时候，血液流量会加速上升，血压也会不自觉地升高，进而促使身体释放出一种名叫儿茶酚胺的化学物质，这种物质会导致鼻腔内部的细胞肿胀，从而引发鼻腔的神经末梢传递出刺痒的感觉。于是，为了缓解鼻子部位发痒的感觉，人们只能频繁地用手摩擦鼻子。这样一来，用手蹭鼻子或摩擦临近的部位就成了一个人说谎的肢体语言特征。

无独有偶，美国格林纳达大学的研究人员也曾使用热成像摄像机拍摄到人在说谎过程中的热成像动态图，结果显示：当人在说谎的时候，大脑中的岛叶皮质会被激活，岛叶皮质活性增强后，会使人的体温升高，进而引发鼻腔内细胞肿胀。

由此看来，人在撒谎时，鼻子会长长的说法并非空穴来风，只是把鼻腔内的细胞肿胀说成鼻子会长长显得有些夸张而已。虽然这种说法只是一种象征性的夸张表达，但是至少说明了一个事实，那就是：人在说谎的时候，鼻子这个部位不会无动于衷，而是会暴露出一些线索来。尽管我们无法用肉眼看到鼻腔细胞肿胀的过程，但这的确是引发人用手触摸鼻子这一动作的根本原因所在。

在生活中，我曾经对许多人进行过类似的实验观察，并且惊讶地发现：人们在说谎时或说谎前后的一分钟时间里，会经常出现以手来触碰鼻子或鼻子附近部位的动作，而这些动作往往就成了说谎的外在表征。

其实，关于说谎与鼻子之间的关系，并不缺少例证。美国的神经学家阿兰·赫希和精神病学家查尔斯·沃尔夫曾深入研究过美国前总统比尔·克林顿就莫妮卡·莱温斯基性丑闻事件向陪审团陈述证词的录像，他们发现：克林顿只要一撒谎，就频繁地触摸鼻子，平均每四分钟触摸一次，在整个陈述证词期间触摸鼻子的总次数达26次之多；与频繁触摸鼻子的情况相反，只要克林顿诚实地回答提问，他几乎完全不会触摸鼻子。

事实的确如此。甄言堂研究人员曾经做过一个有意思的实验：要求10个志愿者在三天内对家人或同事故意撒10次谎，并记录在此过程中鼻子是否有刺痒的感受。结果10个志愿者均报告他们在撒谎时或撒谎前后有过鼻子刺痒的感受，平均产生刺痒的概率为78%。经过进一步的访谈后发现：撒谎时，鼻子部位没有刺痒感受的情况也是有的，其主要原因是该谎言并不能对志愿者构成压力感受或者志愿者在撒谎时并没有遭到追问或怀疑。另外，有志愿者表示，有时偶尔也有外在无关因素的影响。

其实，撒谎并不是引起鼻子发痒的唯一原因。如果一个人患上了鼻炎，或者花粉过敏、有异物进入等情况也会引起鼻子刺痒，对此，人们也需要用力地摩擦鼻子，甚至是通过捏鼻子、抓鼻子、挖鼻孔等经典动作才能缓解刺痒的感觉，而不只是轻轻一摸那么简单。尽管我们不能确定每一次摸鼻子的动作都与缓解说谎之后的刺痒感受有关，但在交流过程中，这个动作出现频率比较高的时候，不要轻易相信对方所说的话，应该说是一个明智的选择。值得注意的是，说谎引发的摸鼻子，还有许多变形的动作，比如，用手去摸脸、扶眼镜、抓耳朵或摸下巴等。

总之，我们判断的标准，是看手摸鼻子这个动作在出现时，其第一反应是不是朝向鼻子，只要是朝向鼻子，不管中途随机变换成什么动作，我们都可以按照用手触摸鼻子去理解。

三年前，我一个离过婚的朋友老猫要去相亲，非要拉上我一起去不可，因为对方母女两人一起来，他一个人心里没底。于是，我同意和老猫一起前去，给他壮壮胆、观观场。老猫告诉我，婚介所提供的信息是，女方刚结婚不到两年，因老公出轨、感情不和而离异，女方家境富裕，年轻貌美，性格内向，温柔善良。见面之后，我们发现，婚介所提供的信息看起来比较真实，确实如婚介所所言，女方条件相当不错。

于是，我看到老猫似乎一见面就有点动心了。聊天的时候，女方很少说话，主要是她母亲在说。当谈话进行到比较深入的地方时，女方的母亲突然询问了老猫之前离婚的原因，老猫非常诚恳，如实作答。之后询问到女方前夫的事情时，女方接过话来解释说，前夫是个花心的男人，不仅缺少责任感，还是个没有良心的负心郎，不念旧情，忘恩负义，离婚后，很快就卖掉了家里所有的房产，然后和那个女人一起出国了。在说这一段话的时候，我突然注意到她有三次用手去触摸鼻子的动作，第一次是用手指在鼻子尖上轻轻地碰了一下，然后迅速离开；第二次是手在碰到鼻子前，突然改变方向去扶了一下眼镜；第三次是一只手攥起来，放到嘴和鼻子之间，并且轻轻地挨着鼻子。

当时我就觉得有点可疑，但也不好说什么。之后，老猫和女方一起去逛街了，我和她母亲各自回家。在路上，我对女方离婚的原因一直表示怀疑，因为，她在说离婚这件事时，出现了手碰鼻子的动作，而谈论其他问题时，没有类似的动作。那么，离婚的原因究竟是什么？我一时间也搞不清楚。或许，她们是编了一个虚假的原因，而真实的原因则不可告人。但是连老猫也并不是特别关心她离婚的原因，我也只能将自己的猜测放在肚子里。

第二天，老猫问我的看法，我如实说出了我的看法和疑虑，他没有说话，显然有些不高兴。对此，我也没多说什么。一个月后，老猫垂头丧气地来找我，说那对母女是假的，她们是一对经验非常丰富的婚托，骗走了自己十多万的钱财和首饰。目前，两人已经被公安局拘留，婚介所也已经关门，媒体上也报道了，有十多个男人上当受骗。听罢，我大吃一惊，后悔自己学艺不精，没有极力阻止朋友，以致让他上了大当，损失了钱财和感情。

涉及鼻子部位的动作并不多，但传递的信息却非常重要，除了上面触碰鼻子的系列动作，鼻翼扩张也会准确地传递出一个人的情绪信息。

研究表明：当人在愤怒或兴奋时，鼻翼会有所扩张。这是因为，人在愤怒或兴奋时，身体代谢速度会加快，对氧气的需求量会在短时间内大大增加，此种情况下，人的大脑常常会处于缺氧状态，为了及时给大脑补充氧气，鼻翼就会略微扩张，有时嘴巴也会略微张开，呼吸的速度会有所增加，目的是为了保证人能吸进更多的氧气以满足身体需要。

三、抚摸颈部泄露谎言线索

颈部是头和躯干连接的部分，上接头、下通身，其位置特殊，作用重要，不容忽视。颈部的内部生理结构非常复杂。在这里，我们不作赘述，重点分析一下颈部肢体动作的心理意义。

颈部不仅本身的变化会有重要的心理意义，而且它与手的组合动作也会传递出丰富的心理信息，尤其是对谎言识别具有重要的作用。

医学研究发现，人的颈部分布着大量的包括迷走神经在内的末梢神经，还有向大脑供血的两条动脉血管。当人们在说谎或者感到心理压力比较大的时候，这两条动脉血管就会发热，此时人们就会想方设法来散热，要么用手抚摸颈部、解开颈扣，要么用指头挑开衣领、撩起颈部两侧的头发。这些行为统称为通气行为，都可以起到迅速降低体温、降低血压、减缓心跳、缓解情绪和平复心情的作用。

需要强调的是，男性与女性的通气行为是有一些性别差异的。当人们在说谎或感到心理压力时，脖子两侧的动脉会立即充血，进而变得粗壮起来，并且血液也会随之升温，人的脸就会发红。此时，为了缓解内心的压力或掩饰谎言，男性会用手抚摸颈部或下巴下方，甚至会在颈部磨出一道红印，借以刺激颈部的末梢神经,来缓解情绪、平复心情。当然,也有的男性会用手轻轻地摸一下脖子,松一松衣领,解开衣扣,或者用手指伸进衬衣领口挑开一个缝隙,以便降低体温和血压,借以缓解心理的压力。还有一些戴领带的男性则会用手去松一下领带,实际上则是为了缓解由于体温升高而带来的不适感,其意义都是一样的。与男性的通气行为不同的是,女性抚摸颈部的动作就显得比较文雅,她们通常会用手碰触或遮住胸骨上凸的部分,或者把玩自己脖子上佩戴的饰物,如项链、项圈等,有时还会把自己的头发撩起来,以增加透气性,降低身体温度,减少由此而引发的不适感。这些动作的形式虽然有所差异,但在解释和分析时,我们会认为它们具有同样的心理意义和分析价值。

关于颈部的动作在心理分析中的意义,我想举一个特殊的例子来说明。我有一个好朋友王警官,他是一个铁路缉毒警察,特别擅长根据嫌疑人肢体语言来分析判断其是否有犯罪嫌疑。王警官曾经告诉过我他自己的一段亲身经历:一次,他在列车上执行例行的巡查任务,正当他对几个年轻小伙子的身份证进行核查时,突然注意到,坐在里面的一位年轻女士显得有些紧张和不安,她不时地把玩自己的项链,手偶尔还会停留在自己胸骨上凸的地方,似乎在掩饰自己怦怦直跳的心脏,并且眼神时不时地就转到王警官身上。王警官本能地意识到这个女人此时内心一定有很大的压力。他进而又想:正常的检查怎么会使她产生如此大的压力呢?一定有问题,否则不会有这么特别的反应。于是王警官就把她带到更衣室，让一个女警察对她进行了仔细的检查，结果在她的发髻里查出了100克海洛因。

据王警官介绍，上面谈到的这个缉毒案例虽然比较典型，但还不是他职业生涯中最经典的案例，最经典的案例发生在五年前。当时他在反扒组工作，有一天上午，他在宿县火车站候车室反扒，旅客进站时，他发现有一名男子右边肩膀向上耸起，便很快走到其身后，看见该男子左手拿着一件衣服，右胳膊抬起，右手被左手拿的衣服遮住，并且紧紧地挨着其左前方身着西服上衣的女性旅客。几秒钟后，王警官从侧后方看到该男子脖子有点发红，青筋鼓起，感觉他身上有肌肉在用力，便知道小偷的手已经接触到他人的财物了。又过了几秒钟，他看到该男子在一瞬间，整个身体突然放松了下来，青筋消失，耸起的肩膀也迅速恢复正常。王警官知道此时是最佳抓捕时机，便迅速上前抓住其右手，果然其右手上正捏着一沓百元大钞，还未来得及掩藏便被当场抓获。

其实，除了手与颈部相互配合的组合动作之外，颈部本身形态所传递出来的信息也是非常重要和不容忽视的，它可以直接折射出一个人的性格特点。比如，男人颈部粗壮，表明其具有运动员般的勇猛、男子汉一样的气概以及争强好胜的性格。这种判断主要是基于睾丸酮这种激素的分泌会促进肌肉的生长，进而对颈部形态产生影响。相反，如果男人的颈部生得较为细长，有可能说明此人生性懦弱、缺乏男子汉气概。如果一个人的颈部总是向前伸，则表示这个人可能是个急性子，急于把事情做完，这样的人往往具有乐于助人的潜质。一个"硬脖子"的人可能属于那种顽固、倔强，甚至是毫不妥协地竞争类型的人。如果在谈话中，某人的颈部向前伸长，则可能表示此人对你说的事情感兴趣，准备投入更多的注意力和精力，或者说是有进一步合作的意愿。

我们都知道，运动员在冲刺的时候，往往都是低头往前冲，而到达终点时，则会将头向后仰起，表示停止或撤回力量投入。因此，如果一个人在走路时，颈部总是挺得笔直，可能表示这个人的自制能力比较强，意志比较坚定，容易控制住自己的情绪，这样的人比较理性。假如在商务谈判时，一个人身体前倾，而颈部后仰，则可能表示这个人内心已经同意，但理智上却还在克制，属于犹豫不决、故作矜持的人。对于这样的人，如果继续施加影响，必然可以改变其态度，促成最终的合作。

第5章
嘴巴没有说出来的秘密

男人的嘴是通向心灵的门户,
女人的嘴是倾诉心事的窗口。
——[美]克利福德·比尔斯

大脑是语言的指挥部,而嘴是大脑的发言人,是谎言的集散地。嘴,有两大基本功能,一是吃饭,二是说话。吃饭是为了维持生命,而说话是为了让生命更有意义。嘴,除了在说话的时候可以传递丰富的信息,在不说话的时候,嘴部的特殊动作以及与手的组合动作也能传递出特殊的信息。下面,我们将介绍十种典型的嘴部动作及其心理意义,并告诉大家观嘴识人的技巧。

一、噘着嘴——在犹豫不决中思索

当一个人噘着嘴的时候,表示可能正在努力思考、反复斟酌、权衡利弊,并且犹豫不决,虽然话没有从嘴里说出来,但其内心不同意或不愿接受当前的观点和建议,如图5-1所示。噘嘴的动作虽然简单,但依然要耗费一定的能量,并且,这个动作并不是很美观,如果不是必须或受无意识影响,很少有人会故意做这个动作。需要强调的是,人们噘嘴的动作和小女孩故意嘟嘴卖萌是两码事,要区别对待。

记得在两年前,我没有事先打招呼就在一家手机专卖店给父亲买了一部手机。送回家后,父亲说不太喜欢,嫌按键上的数字

图 5-1　噘着嘴

太小，看不清楚，想换一款老年机。于是我回到那家手机专卖店，对正在工作的女店员委婉地说明来意。女店员脸上的微笑立即停止，然后噘起嘴巴，略微停顿了两秒钟后，对我说："先生，不好意思，我们这里没有老年机型。你只能在同一款手机里调换颜色，而不能调换机型。"我知道，她显然是有些生气了，不太愿意为我换手机，当然，她还有些犹豫。她所说的"这里没有老年机型"，我并不相信，她嘴巴上的动作出卖了她。我知道，如果更换为老年机，就意味着她要给我退几百元钱，说没有老年机型其实只是她愤怒的另一种表达而已。我不想和她争执，于是告诉她，我要直接找经理问一下情况，她听完便说："经理今天不在。"说话时，嘴又一次噘了起来。看到她嘴巴上的动作，我坚信，老年机一定有，但有可能没有摆到柜台上来。我正准备进一步与她理论的时候，经理突然走了出来，知道事情的缘由后，狠狠地瞪了女店员一眼，然后给我道歉，并立即让另一个店员从仓库里协调了一部老年手机,并对我说:"欢迎王老师来我们店参观指导!"她的话听得我一头雾水,她见状又补了一句:"上个月,我们单位培训,你给我们讲了一课,叫《读心销售》,你可能不认识我,但我对你可是印象深刻呀。"听罢,我突然想起上课的事,然后连连点头称是。

二、紧闭嘴——我要为你守口如瓶

人在正常说话的时候,嘴巴会自由地张开和闭合,表达自己想说的内容。如果一个人不愿意说话的时候,会自然把嘴闭上,并不需要什么意志力。但是,如果一个人非常努力地把嘴闭上,往往就表示自己此时特别想说,但由于种种原因,暂时不能说出来或不便说;而不能或不便说出来的内容应该是需要保密,或者说需要当事人守口如瓶的,如图5-2所示。

因此,紧闭嘴常常表示一个人为了他人或自己的利益而保守

图5-2 紧闭嘴

秘密，紧闭嘴的动作是当事人自我控制和压抑的一种象征性表达。有一次，我一个多年不见的朋友来我家找我玩，知道我是心理咨询师后，就主动向我讨教一些心理健康方面的知识。起初，我并没有在意，因为之前也确实已经有过几个同学像他一样来问过我一些问题。

后来，在交谈过程中，我几次发现，我这位朋友说完一段话后，就会将嘴巴紧紧地闭起来。我知道，他可能还有其他的问题不好意思说出来，所以才欲言又止，于是就小心翼翼地问道："你是不是还有什么不好意思说的问题？"他突然抬起头来，对我说："其实，我今天来，是想向你咨询一个问题。我可能得了强迫症，而且已经很严重了。我不敢告诉别人。最近半年来，我每天早晨起床后和晚上睡觉前，刷牙都要刷半个小时才能结束，牙齿已经被刷得非常难受了，但还是停不下来。后来我去了医院，医生开了药，吃了半年药，没什么用。听说你是心理咨询师，你告诉我，我该怎么办？"听完这些话，我终于理解了他的那几次奇怪的闭嘴动作。后来，我为他详细地解释了强迫症的来龙去脉，然后将他转介给我的一个朋友，在那里，他接受了系统治疗，不久，就听到他的强迫症被彻底治愈的消息。

三、咬嘴唇——在压力状态下守住秘密

咬嘴唇有多种意思，首先可以表示一个人努力控制自己内心的冲动，尽全力守住秘密；其次，咬嘴唇还可以表示一个人做决

定时内心的痛苦和挣扎；最后，人们由于愧疚而陷入深深的自责中时，有时也会出现咬嘴唇的动作，如图5-3所示。

图5-3 咬嘴唇

当一个人流畅地说话时，嘴巴会自然地按照正常频率张开和闭合，嘴部的肌肉也会正常地开闭自如，保证想要表达的内容能自由顺利地表达出来。但是，如果有些内容比较重要，不方便表达，或者根本就是虚假的或编造的，那么，表达这些内容时，流畅的感觉就会受到严重的影响。此时，人会在无意识的控制之下，通过紧闭一下嘴，来象征性地完成对自己所说内容的控制。而如果需要控制一个重大的隐私或秘密时，则要用咬嘴唇才能满足潜意识对秘密和隐私的象征性控制。

正是由于潜意识的这个特殊需要，人们在说话时才会产生咬嘴唇的动作，而这个动作就如同一个诚实的孩子一样，提示我们揭开秘密的关键点在什么地方，甚至会告诉我们实情。我的一个警察朋友老李告诉我，他在预审的时候，非常关注嫌疑人的肢体语言，他发现那些想在审问时只招出一部分犯罪事实的嫌疑人往往都会频繁地出现咬嘴唇的动作，这表示他们内心想在招供时有所保留，以减轻自己或同伙的罪责。但恰恰是这个咬嘴唇的动作，泄露了其内心的真实想法，帮助李警官明确了讯问的方向，大大地提高了办案效率。

四、手捂嘴——坚决保守秘密

用手去捂嘴的意义和咬嘴唇的意义在本质上没有什么太大的差异，都是为了守住秘密，但两者坚守秘密的程度不太一样，需要付出的努力也不一样。手捂嘴表示，潜意识的冲动已经即将突破个人的自我约束能力，单凭主观的意愿无法实现保守秘密的目的，需要借助外力才能最终守住秘密，如用手捂嘴，如图5-4所示。

在日常生活中，当我们听到一个笑话，特别想笑又不敢笑的时候，就会不自觉地用手去捂嘴。解释这一现象并不复杂，因为这其中并没有什么深刻的意义。但是如果一个人在正常说话时或说完话后，再用手去捂嘴，那就是值得分析的。这可能表示秘密在即将被说出来时，或者刚刚说出来时，又被手捂嘴这个象征性的动作给阻挡回去了。当然，这也是从另一个角度提示倾听者，说话者可能只说出了一部分信息，而隐瞒了另一部分非常重要的信息，甚至前面所说的那些话可能根本就是谎言。

杨警官是陕西某地的一名警察。在一次上班的路上，他在公

图 5-4　手捂嘴

交车上发现有一个小偷正在偷一位老人的钱包。就在小偷刚刚拿到钱包的时候,杨警官立即上前,将小偷一把抓住,然后直接让公交司机把车开到了公安局,要求所有人不得下车,并立即审问这个小偷。杨警官问道:"你们在公交车上一共几个人?"小偷果断地说:"就我一个人,我是第一次干这事。"说完之后,小偷用戴着手铐的手在嘴上抹了一下,并在嘴上略作停留,约有一秒钟。精通肢体语言的杨警官敏锐地意识到:这个动作一定非常重要,这个动作是手捂嘴动作的变形,这个小偷一定隐瞒了实情,应该还有其他同伙。于是,杨警官继续施加压力,最后,小偷交代了车上的另外四个同伙。原来,这是最近刚刚出现的一个小偷团伙,专门在公交车上作案,团伙成员均为十八岁左右的青年。最先被抓的小偷确实是第一次行窃,其他几个成员是来配合他"实习"的。

五、舔嘴唇——在焦虑中自我安慰

舔嘴唇的动作源于婴儿早年进食体验。当婴儿感到肚子饥饿想吃奶而又没有奶可吃的时候，常会感到焦虑和无助。为了缓解焦虑和无助，婴儿会不自觉地用舌头去舔自己的嘴唇，象征性地表达着吃的意思，体验吃的感觉。尽管这个动作只具有象征意义，但这也足以暂时缓解婴儿的焦虑。因此，舔嘴唇最初的意思是表示焦虑和无助的状态下的自我安慰。

对于成年人来说，除了口渴时会舔嘴唇，一般不会随意去用舌头舔嘴唇，因为在成年人看来，那是一个幼稚和滑稽的动作。但如果成年人说谎了，或者感受到了威胁，其内心的焦虑和恐惧就会悄悄袭来，为了缓解这种消极的体验，人便会在无意识中出现舔嘴唇的动作（如图5-5所示），其作用就是缓解内心的焦虑感受。对于这样的无意识动作，当事人往往很难自我察觉。

图5-5　舔嘴唇

对于女性来说，有时，舔嘴唇则是其故意展示自己性感一面的诱惑动作。当然在判断之前，先排除外界的干扰因素也很重要，比如，有没有食物的诱惑，有没有感到口渴等等。有时，一味地盲目分析，会显得非常生硬和牵强，甚至结论会完全错误。

六、咬牙齿——愤怒爆发前的征兆

在自然界中，动物在争夺领地和交配权时，经常会露出自己的牙齿表达愤怒，进而威慑入侵者，以达到驱逐对方的目的。人类社会也是一样，当一个人咬牙齿的时候，可能表示已经极其生气、非常愤怒了，但却将愤怒暂时压抑了下来，如图5-6所示。

对于动物来说，用牙齿来攻击其他动物，应该是极其正常的事情，但是对于人来说，用牙齿来攻击别人，则可能已经是到了别无选择的地步，因为牙齿可能是人所能使用的最原始的攻击手段，也是人最后一种防御反击和表达愤怒的杀手锏了。因此，当

图5-6 咬牙齿

一个人以咬牙齿的方式来表达愤怒时，你应该立刻明白，他的愤怒程度已经很严重了，或者说已经到了忍无可忍的地步。由此，你可以判断，如果任凭愤怒继续发作，愤怒可能就会爆发，爆发的愤怒会伴随着强烈的肢体动作，进而产生极端的暴力行为。

当然，咬牙齿有时也表示艰难地做出决定，或忍痛割爱，痛下决心。先举一个例子吧，自从2001年"9·11"事件爆发以后，美国就把怀疑的目光盯向了当时的伊拉克总统萨达姆，于是时任美国总统布什不断地为武装"倒萨"造势。2002年9月14日，布什要求联合国在伊拉克问题上"挺起腰杆"来，展示联合国维护世界和平的职责，否则美国将不惜单独行动，也要把萨达姆拉下台。时任伊拉克副总理阿齐兹也毫不示弱，指责美国打击伊拉克的目的纯粹是为了控制中东地区的石油。听到阿齐兹针锋相对的反驳后，布什咬牙切齿，恨之入骨，却又强忍愤怒。但同时也暗自下定了决心：“即使联合国不同意，我们也一定要将萨达姆赶下台。"最终，美国在盟友英国的支持下，绕过联合国，发动了伊拉克战争，并最终将萨达姆抓获，送上了法庭，并判处了死刑。

七、吮手指——未得到满足时的自我安慰

吮手指的动作主要有三个意思：一是表示贪婪、好色、不知满足；二是焦虑状态下的自我安慰；三是口唇期（0—1岁）未得到满足而留下来的退行动作。生活中，我们经常可以观察到，婴儿在没有吃饱奶或饥饿的时候，会感到焦虑和不安，除了哭闹，

还会不由自主地将手指放进嘴里吮吸，以象征性地满足没有吃饱的肚子。当然，婴儿在长牙齿阶段有时候也会因为牙床痒而吮吸手指，以缓解痒的感觉。另外，婴儿偶尔感到无聊的时候也会吮吸手指来安慰自己。

而人在成年之后，当感受到巨大压力时，也会常常表现出吮手指或咬手指的典型动作，这是一种退行的象征性表达。如果你看到一个成年人，经常把手指放到嘴里吮吸（如图5-7所示），可能表明此人已经承受了巨大的心理压力，或者可以判断其意志力比较薄弱。

图5-7　吮手指

2011年5月14日，时任国际货币基金组织（IMF）总裁的斯特劳斯·卡恩因涉嫌性侵纽约索菲泰尔酒店女服务员，被指控"刑事性行为、强奸未遂和非法监禁"等多项罪名，在纽约肯尼迪国际机场的一架法国航空公司的航班上被捕，如果所有被指控的罪名都成立的话，卡恩将面临最多25年监禁。本来他被看好参加 2012 年法国总统竞选，没想到却因性侵事件而梦断纽约。

法庭上，在卡恩接受法官讯问时，显得有些无助和焦虑，不停地将大拇指放到嘴里轻咬或吮吸，不知道该如何回答才会让自己不至于陷入被动。

在精神分析心理学中，诸如把手指放在嘴唇之间、吸烟、叼着烟斗、衔着钢笔、咬眼镜架、笔、钥匙之类的动作，都被赋予了性的意味。因此，吮手指有时还有性的指向，即表示内心产生了性的冲动。

值得一提的是，吮手指的动作在英国的意思比较特殊，即表示侮辱，嘲笑对方不成熟、非常幼稚，像吃奶婴儿一样。所以，如果你到了英国，尤其是严肃的社交场合，一定要管控好这个动作，否则会产生不必要的误会。在19世纪初，詹姆斯·门罗出任美国第五任总统期间，有一次，他在白宫举行宴会招待常驻美国和来美国访问的世界各国的外交官。法国外长德·塞胡赫尔伯爵就坐在英国外交大臣查尔斯·沃恩爵士的对面。沃恩发现，自己每讲一句话，塞胡赫尔总要轻轻吮吸一下大拇指。这让沃恩感到非常气愤，因为，这个吮吸大拇指的动作让他感到被侮辱了。后来，他实在忍无可忍，便问塞胡赫尔："你是在对我吮吸指头吗，先生？""是的。"塞胡赫尔回答道。说时迟那时快，两人拔剑各自冲向对方。就在两位快要交手之际，门罗总统的剑已经架在了中间，一场恶斗就这么避免了。尽管这一严重事件还有深层次的原因，但起因却是吮吸手指的动作。

八、打哈欠——对当前事物缺乏兴趣

打哈欠是人体的一种本能反应，它就像心跳、呼吸一样，不受人的意志控制，并且对保护脑细胞、增加脑细胞的供氧、提高人体的应激能力具有积极作用，如图5-8所示。

人从出生之时起，一直到生命的终止都会打哈欠。每个人一生所打的哈欠数量不尽相同，但每一次打哈欠的时间却基本相同，大约为6秒钟。在这期间，人会闭目塞听，全身神经、肌肉完全松弛。因此，我们可以认为，打哈欠可以使人在生理上和心理上得到最快速的休整，对人体具有重要的保护作用。

当然，人在大脑缺氧的时候也会打哈欠，主要是通过打哈欠这一过程中的深呼吸使血液中增加氧气，排出更多的二氧化碳，从而使精力更加充沛。尤其是当人即将进入紧张的工作状态之前，常常会哈欠连天，这可能是人体借助打哈欠时的深度呼吸使

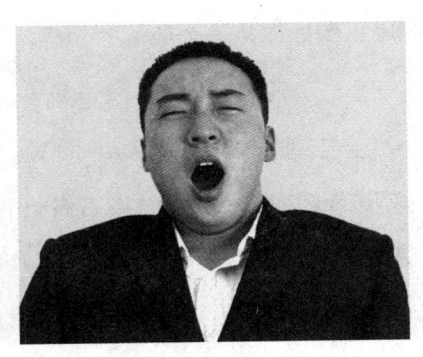

图5-8　打哈欠

血液中增加更多的氧气,从而提高大脑的活动能力。

另外,连续不断的哈欠也是在提醒人,大脑已经疲劳,需要睡眠休息,此时入睡将会变得很容易。甄言堂的研究还发现:如果在睡觉前多次模仿打哈欠的动作,将非常有利于快速入睡。从这个意义上讲,打哈欠也是一种催眠的方法。

除了具有生理的意义之外,打哈欠还具有一定的心理意义,即表示对眼前的事情感到厌倦和反感。2005年4月1日,美国洛杉矶市中心一家法院在为一起谋杀未遂案挑选陪审员时,突然一声响亮的哈欠打破了法庭庄严肃穆的气氛,人们笑声四起。"肇事者"原是第2386号陪审员,他此前一直神情倦怠,昏昏欲睡。主持审判的高级法官克雷格·维尔斯却对这个超大分贝的哈欠不依不饶,执意用1000美元罚金让这位陪审员彻底"清醒"过来,因为,法官认为,这个不合时宜的哈欠可能暗示着他对法官的执法过程感到厌烦,有蔑视法庭、鄙视法官、漠视生命之嫌。由此看来,人们对那些不合时宜的哈欠所传递的信息有着准确的理解和敏感。

在日常生活中,假如你是一个单位的领导,正在台上讲话,突然发现台下有一个员工开始打哈欠,没过多久,你就会发现许多员工都开始哈欠连连,此时,你就应该明白,大家已经有点厌烦了,这时,你可选择尽早结束讲话,或者讲一个笑话活跃一下气氛。这种情况在讲课、演讲、开会、聚会等各种场合非常常见。那么,这到底是怎么回事呢?心理学家研究发现,打哈欠是可以传染周围的人的,一个人打哈欠,周围的人也会受影响纷纷跟着打哈欠。

认知神经科学家通过磁共振成像技术研究发现:打哈欠时的脑部活动区域和表示同情时的脑部活动区域是一致的。也就是说,打哈欠的"传染"现象,可能是一种无意识的心智模仿。

美国心理专家小组曾经做了一个实验:他们给一些志愿参加实验的人,播放各种人在频频打哈欠的录像。他们暗中观察志愿者后发现,接受此项实验的志愿者中有40%至60%也开始频频打起哈欠来,而另一些人则丝毫不受录像的影响。心理专家们继而对他们进行了心理测试,测试结果显示,那些从来不打哈欠的人几乎都属于心肠较硬、近似冷酷的人,他们缺乏同理心、没有同情心,不善于设身处地替别人着想。相反,受到打哈欠录像影响的人则多属于善良、敏感、容易动情、比较感性的人。

九、咽口水——隐瞒重要的信息

人在有焦虑和恐惧感受的时候,包括汗腺在内的各类腺体的分泌量都会增加,这会使人不知不觉地感到干渴,因此会本能地通过咽口水来缓解干渴。所以,咽口水的动作可能表示一个人内心有焦虑和恐惧的感受,如图5-9所示。那么,为什么是感到焦虑和恐惧呢?这背后的原因才是我们关注的焦点。

甄言堂研究人员的调查表明:大多数接受纪委讯问的违纪人员都会在谈话过程中频繁地出现吞咽口水的现象,而这一现象在法院的庭审现场和公安局的预审中就更加普遍了。

图5-9 咽口水

除了焦虑和恐惧，咽口水有时还表示当事人压抑或者"吞咽"了即将表达的想法、念头。通常，当人们准备说话的时候，其口腔内会自动分泌许多唾液，以帮助人完成说话的活动。但是，当人们内心感到恐惧、紧张和焦虑的时候，便会在不知不觉中感到口渴，因此会出现不由自主吞咽口水的动作，其目的是缓解干渴的感受。据此，我们可以判定：当事人因为感到恐惧、紧张和焦虑而隐瞒了一些重要信息。

生活中，我们常常将这种现象称为"话到嘴边又咽下"。表面上看起来，被咽下去的是口水，但实际上肢体语言所传递的信息则是将所要表达的内容压抑下来。

十、吐舌头——拒绝、厌恶及紧张

舌头是人口腔底部向口腔内突起的器官，由平滑肌组成，没有骨骼。人体全身上下，最强韧有力的肌肉就是舌头。舌头身兼数职,在人体器官中占有非常重要的位置。舌头最基本的功能有三项:一是辅助进食,二是辅助说话,三是感受味觉。

吐舌头是人类进化过程中的一种遗留动作,源于婴儿的吮吸活动,但在成人身上也常常会观察到吐舌头的动作,如5-10所示。在婴儿吃饱了营养丰富的奶水之后,就会用舌头使劲地往外顶,因此,吐舌头的第一个意思是表示拒绝。

当婴儿长大一点的时候,我们经常会看到儿童之间表示反感、讨厌、厌恶的时候,会做鬼脸,同时附带一个吐舌头的动作。随着年龄的增加,这个动作会逐渐减少,成人之间通过做鬼脸来表示拒绝的非常少。但一些童心未泯的成年人偶尔也会做出这样的动作。比如,我们众所周知的1983版《射雕英雄传》中,那个天真可爱的老顽童周伯通就经常在和黄蓉吵架的时候,在做鬼脸的同时吐出他的舌头,以表示对黄蓉的讨厌。

除了做鬼脸,人在高兴、惊讶的时候,有时也会通过吐舌头

图5-10 吐舌头

图5-11 吐舌头的爱因斯坦

来表达。1951年3月,在著名物理学家爱因斯坦72岁生日聚会上,经过众多记者轮番拍摄之后,这位年逾古稀的老人脸都笑麻了。最后,他不得不用吐舌头代替僵硬的笑容,以表示自己仍然非常开心,如图5-11所示。据悉,这幅照片成为20世纪最具影响力的一张形象符号之一,并在2009年美国新罕布什尔州举行的一场拍卖会上以74324美元成功拍卖。

吐舌头的含义有多种,除了以上的基本意思之外,有时,人在紧张、尴尬、惊讶和恐惧的时候,也会通过吐舌头来散发更多的热量,并快速地向大脑补充氧气。总之,吐舌头的内涵非常丰富,要想准确地解读这个动作所表达的意义,需要遵循肢体语言分析的基本原则,具体情况具体分析。

十一、看嘴识人的秘密

除了根据嘴及嘴与手的组合动作来判断一个人的内心活动，单就嘴的形状而言，是否也能传递一些重要的信息呢？答案是肯定的。古人对通过嘴型来识人是深有研究的。

古代相学认为，理想的嘴是轮廓鲜明、有棱有角、嘴角上扬、唇色红润、唇纹深明，合嘴时与脸型得以配合协调，张嘴大笑时，嘴型与合嘴时相比，区别较明显，并且张嘴时嘴角大幅度地向两颊延伸，在大笑时不露牙龈，这样的嘴相为上上之相。但在生活中，有上上之相的人又有几个呢！

通过嘴型究竟能在多大程度上去认识一个人呢？下面将从嘴的大小、嘴角的形状和嘴唇的厚薄三个方面来进行归类分析。

通过嘴的大小来识人：嘴是人类正常进食的唯一通道，嘴巴的大小直接决定了一个人进食的快慢与数量的多少。正常情况下，一个嘴巴大的人在进食的快慢与数量方面都会超过嘴巴小的人。经常大口进食的人，会养成粗犷豪放的性格，而经常小口吃饭的人，则会形成一种犹豫、迟缓和细腻的性格。大嘴的人，通常性格爽朗、外向乐观、慷慨大方、为人随和、志向远大、很有主见、不拘小节、铺张浪费，承受挫折和压力的能力强；而嘴小的人，大多个性保守、内向寡言、感情细腻、不善交际、为人谨慎、随遇而安、勤俭节约，做事常瞻前顾后、犹豫不决，受暗示性较强，承受挫折和压力的能力较弱。

通过嘴角的形状来识人：在正常不说话的状态下，嘴角的形状通常有上扬和下垂两种。除了受遗传因素影响之外，嘴角的形状还与一个人的性格特点和行为习惯关系密切。一个乐观的人，由于嘴角肌肉经常向两侧朝上的方向运动，因此，在生活中，这样的人更容易以微笑来面对生活，所以嘴角会自然上扬。相反，一个悲伤的人，由于嘴角肌肉经常向两侧朝下的方向运动，嘴角则容易下垂。嘴角上扬的人，通常心态良好、乐观豁达、人际关系较好、积极上进，凡事善于向积极的方面去考虑，承受挫折和压力的能力较强；而嘴角下垂的人，通常心态较差，经常受悲伤失望情绪的影响，思想消极、不思进取、怨天尤人、人际关系较差，凡事容易从消极的方面去考虑，承受挫折和压力的能力较弱。

通过嘴唇的厚薄来识人：嘴唇的厚薄与遗传、习惯等多种因素有关。根据古代识人术的观点，嘴唇的厚薄能反映出一个人的性格特点和行为模式。一般来说，嘴唇薄的人，精明能干、伶牙俐齿、口才卓越、处事冷静、原则性强、为人刻薄，在生活中，常常会因为嘴而占小便宜吃大亏；而嘴唇厚的人，则不擅言辞、表达能力差、处事公道、不得罪人、原则性差、为人忠厚老实、值得信任，在生活中，常常会被人戏弄，却无力反抗，有时还会吃一些小亏，但最终会占到大便宜。

上面所讲的识人观点是人们在生活中总结出来的，是不完全归纳法指导下的一般性结论，并没有充分的科学依据，但却常常对人们识人用人起到借鉴作用，具有一定参考价值，仅此而已。

第6章

头头是道

议员看到丘吉尔摇头,知道他不同意自己的观点,于是就在发言结束的时候说:"我提醒各位,我只是在发表自己的意见。"

"我也提醒各位议员先生注意,我只是在摇我自己的头。"丘吉尔站起来说。

——《温斯顿·丘吉尔逸事》

头是人类一切行为的总指挥部,是肢体语言的发源地。在汉语中,有许多与头相关的词语和成语,比如,头版、头条、头功、头牌、头等大事、头等功臣、头面人物,等等。这里的"头"字都表示排名第一或极端重要。同样的道理,头部的动作也非常重要,一举一动都传递着不同的信息,而且这些信息最能直接表明当事人对当前观点或建议的基本态度。

一、点头——你的观点我赞同

点头是人们在沟通中最常见的一种肢体动作。据调查,人的头部动作中,点头使用频率是最高的,约占61%。在中国、美国、日本及世界上大多数国家的文化习惯中,点头通常都表示认可、认同、赞同和肯定,这是为什么呢?有两方面的原因:一方面是进化的原因,另一方面是文化的原因。

世界上大多数国家和地区的人都经历了相同或相似的进化过程,因此,点头的动作并无明显差异,但是由于文化习惯上的不同,世界各国的人们对点头的解读不尽相同甚至截然相反,比如,在斯里兰卡、印度、尼泊尔等国,点头表示不同意,而摇头则表示同意。

在人类的语言还没有形成的时候,肢体语言在交流中使用的频率非常高,尤其是头部动作,由于使用频率高,所以获得了优先进化权。在人类社会形成之后,随着私有制的出现和社会的发展,出现了森严的等级制度,下级对上级、子女对父母、臣子对君王总是以点头来表示服从和认同。慢慢地,点头的意义就成为社会文化的一部分:微微点头,表示基本同意;用力点头,表示非常同意。点头幅度越大,则表示同意的程度越高。在倾听别人说话时,如果能适当地配合着点头,则诉说者会更加愿意说下去;但假如点头频率过高,则表示不耐烦,想早点结束谈话。因此,恰当地使用点头的动作可以使沟通变得更加深入和顺畅,反之,则效果不好。

甄言堂研究人员曾经做过一个实验,要求相互之间比较陌生的大学生6男6女进行自由组合,形成6对谈话小组,谈话的主题是关于讨论"大学校园学生创业"的问题。要求自由探讨两轮,每轮10分钟。但在实验开始前,研究人员悄悄告诉每组里其中一个大学生(指定为实验员),要求他们在第一轮谈话中点头不少于3次,不超过5次,第二轮谈话中点头不少于30次,不超过40次。讨论结束后,分别要求另一方为实验员组大学生的总体印象打分,统计结果显示:第一轮谈话之后,实验员组大学生用少量的点头获得了平均8.6分的印象评价(满分为10分);而第二轮谈话之后,平均得分下降到了5.8分,之前的好印象因为高频率的点头而急剧下降。

其实，了解点头的意义非常有必要。点头不仅在交流和沟通中非常重要，对谎言识别来说也非常重要。假如一个人一边点头，嘴上却不断地否认，则表示他可能在撒谎，其内心已经承认了，只是出于某种特殊的目的或需要，暂时选择了说谎而已。

2012年2月20日，时任日本名古屋市市长的河村隆之发表有关南京大屠杀的言论时称"南京大屠杀事件并未发生过"，引发争议。2月21日晚，南京市人民政府外事办公室新闻发言人宣布：鉴于名古屋市市长河村隆之否认南京大屠杀史实，严重伤害了南京人民的感情，南京市暂停与名古屋市政府间的官方交往。

3月5日，河村隆之请求拜访中国驻日本大使馆，希望恢复名古屋市与南京市的交往，但遭到了拒绝。在随后的记者会上，有一名记者就南京大屠杀一事再次提问河村隆之："您认为南京大屠杀是有还是没有？"

河村隆之再次表示："我认为，说日军杀害了30万名非武装的中国市民，这不是事实。"但在说"这不是事实"这句话的时候，却在用力地点头。显然，他知道屠杀是事实，但是为了达到某种政治目的，他不得不这样说，所以才会有语言和肢体语言不一致的矛盾表现。

二、摇头——我不同意你的观点

和点头一样，摇头也是日常生活中比较常见的头部动作，使用频率约为23%，一般表示不同意、否认和拒绝的意思。关于中国人点头与摇头的使用频率问题，曾经有一种解释认为，中国人的点头和摇头与中国传统的阅读和书写习惯有关。在近代新文化运动之前，我国一直沿用从上到下、从右到左的阅读习惯。从我国著名的语言文字学家钱玄同先生倡导从左向右、从上到下的书写和阅读习惯以后，人们的这一习惯才逐渐改变过来。两种习惯存在的时间长短不一，前者影响人们的时间更长，有几千年的历史，而后者影响人们的时间明显较短，仅有百余年的历史。因此，从总体上来讲，人们使用点头的频率要比摇头高。这种解释可能缺乏一定的科学性，但它至少说明了一个问题：点头和摇头与文化习惯有密切的关系。

甄言堂研究人员发现：先天性失明的儿童，未经任何训练，同样会以摇头的动作来表示否认、拒绝，以点头的动作表示同意、接受。这说明，点头和摇头的动作都具有一定的遗传性。因此，点头和摇头的动作在肢体语言分析过程中更具有一定的有效性和可信度。

假如你发表了一个自认为非常独到的见解之后，却发现身边的人一边摇着头，一边用语言表示赞同你的观点，你就应该立刻明白，这些人内心其实并不同意你的观点。假如你问爱人："你喜欢我吗？"你的恋人信誓旦旦地回答道："我喜欢你呀！"但与此同时，他或她却轻轻地摇头。见到如此情景，你内心会作何感想？是相信肢体语言还是相信对方的甜言蜜语？

在英国曾经流传着这样一个关于摇头的笑话。在一次英国议会开会的时候,一位议员在发言时看到坐席上的温斯顿·丘吉尔正摇头,他立即明白,丘吉尔并不同意自己的观点,于是他在发言结束的时候说了一句:"我提醒各位,我只是在发表自己的意见。"这时候丘吉尔站起来说:"我也提醒各位议员先生注意,我只是在摇我自己的头。"

虽然只是一个笑话,但我们却能看出来,在沟通和交流过程中,人们对点头和摇头的动作都非常在意。其原因在于人们在说话时,点头或摇头的动作往往最能流露出人们的真实态度。

受英国心理学家理查德·怀斯曼的著作《59秒》中关于点头和摇头研究的启示,甄言堂研究人员曾精心设计了一个与之相关的实验:招募60名大学生志愿者,随机分成两组,每组30名,参与者观看闪现在大屏幕上并不断移动的30种品牌的手机、MP5、MP4、音箱、摄像机等电子产品的图片,然后说出这些产品是否讨他们喜欢,并在1—10分之间打分。要求:第一组电子产品全部垂直移动,第二组电子产品全部水平移动,这使得志愿者在观看第一组电子产品时不停地点头,在观看第二组电子产品时不停地摇头。最终统计结果表明:观看垂直移动产品的参与者平均有21种产品被喜欢(9.1分),观看水平移动产品的参与者平均有12种产品被喜欢(7.3分)。

这在一定程度上说明了,点头和摇头的动作可能影响了志愿者们无意识的选择。频繁地抬头低头、再抬头低头地观察屏幕,其组合动作就相当于点头，这可能会使志愿者的潜意识误以为自己真的很喜欢这些产品；而频繁地从左向右、再从右向左地观察屏幕，其组合动作约等于摇头，这可能会使参与者的潜意识误以为自己真的不喜欢这些产品。

这些实验也给了我们一个重要的启示：如果我们想让别人对我们有更高的评价，就先要让对方多点头。那么，在生活中怎么样才能促成人们的点头动作呢？除了先讲一些硬道理和好方法，让人们普遍认同而点头之外，有时候，让人们阅读竖行排列的文字内容也能促成更多的点头，进而引发更多的赞同，这些文字内容可以是宣传标语、门口对联、书籍名字，甚至是个人名片。

三、扭头——我对你说的话没有兴趣

扭头就是指把头扭到一边，使视线完全脱离或部分脱离原先的关注对象，表示对当前的对象不感兴趣、不能接受，或者感到厌烦。扭头是视觉阻断的另一种形式。扭头最初起源于婴儿吃奶时的动作。婴儿出生后，第一次做出扭头的动作是在吃饱了奶水之后，如果母亲还继续给婴儿喂奶，婴儿就会把头扭到一边，表示拒绝或者不想接受的意思。

生活中，我们常常可以观察到扭头的动作。对老师的批评不服气的时候，学生会把头扭到一侧；对父母的指责感到愤怒而又不敢发作的时候，子女会把头扭到一边；对老板的无理要求感到不能接受的时候，员工会把头扭到一旁。如果在一场谈判中，你向对方

提出了你的要求，而对方却将头扭到一边，此时，你应该马上意识到，对方可能对你的要求不太同意；如果你和朋友们聊天时，你说得眉飞色舞、兴致正浓，而朋友们一个个都把头扭到一边，你应该明白，该换个话题，或者是时候把说话的机会让给朋友们了。

记得在三年前的春天，一个周末的上午，我和朋友去东大街买东西。在钟楼地下盘道里，有一男一女和一个小孩共三名衣衫褴褛的外地人员，不时拦住路人交谈，索要钱财。我们路过时也被拦住了，三人操着一口浓重的外地口音说，他们是来西安找老家的亲戚，但是在途中，钱包和手机都丢了，只能乞讨些路费回家。这么牵强的理由，我们实在是无法接受，但他们一再纠缠，我们也无可奈何，只能掏了十块钱了事。

就在我们刚准备要走的时候，只见三名城管执法人员走上前去，表示可以联系救助站，以帮助三人返乡，谁知两个大人听完后神情顿时慌张起来，连说"不用"，然后扭头就走。三名城管执法人员觉得不对劲，上前将他们拦了下来，询问情况并揭穿骗局之后，就在当场进行了批评教育。我们站在不远处，虽然听不见他们说话的声音，但我看到两个大人先是把头低下来，可能感觉有些不好意思，不过没过两分钟，就把头分别扭到一边去了。我知道，他们根本就没有听进去，甚至压根儿就不想听这些批评教育，觉得城管干扰了他们"做生意"，无法接受这种"干扰"。几个小时后，我们买完东西回来时，果然看到三个人仍然在那里向路人要钱，而且"生意"非常火爆。

四、低头——我错了

低头的动作是点头的一部分，点头是低头和抬头组合起来的动作，因此，低头所表示的意思，也有一部分与点头相似，有表示认同、接受和同意的意思。低头有时候也有认错的意思，正所谓"低头认错"。这主要是因为人们在认错时，常常会感到尴尬，羞于面对当事人，因此会低下头去，把面部的表情遮掩起来，以免引发更多的焦虑。其实，低头还有拒绝的意思，表示拒绝的低头动作中常常伴有扭头的动作，即先低下头，然后微微地把头扭到一边。可以促使倾听者做出如此动作的信息，通常既有让对方羞愧的一面，也有让对方难以面对和无法接受的一面。最后，当一个人陷入深深的自责中时，常常也会不自觉地低下头，表示自责、内疚和反思。

如果你是领导，在批评下级时，发现他的头由起初的平视变成低头看自己身体的某一部分，这表明你的批评可能已经奏效，下级已经"低头认错"了，不需要非让他亲口承认；如果员工低下头并且轻轻地把头扭到一边，则可能表示员工已经听得不耐烦了。读懂这些肢体语言信息，对于进一步沟通很有帮助。

我的一个朋友是公司的总经理，有一次，我去朋友的公司玩，恰巧碰到一个员工给我朋友汇报工作。不知什么原因，我朋友突然发火，当着我的面开始批评那个员工。我坐在旁边，感到有些尴尬，眼睁睁地看着这个员工的头慢慢地低了下去，我知道批评已经奏效，但朋友并没有适可而止，而是越批越带劲。这时，我又看到，那个员工慢慢地将头扭到一边，看着茶几上的烟灰缸。我隐约地觉得情况不妙了，于是用眼神提醒我的朋友该停止了，可他并没有理会我，继续狠批员工，而且话越来越难听。突然间，那个员工拿起烟灰缸砸到地板上，并扔下一句："你不就是个总经理吗？神气什么！老子不干了！"转身摔门而出。我朋友被这个员工突如其来的举动给吓蒙了，半天没说一句话，气氛甚是尴尬。我心想：你可真是的，都当总经理了，一点也看不懂员工的肢体语言！后来，他反应还算快，尴尬了几秒钟之后，说要请我给他们讲一堂"肢体语言解读与人际沟通"的心理课。

总之，低头是一个简单而又复杂的动作，说它简单是因为动作做起来很容易，说它复杂是因为它表示的意义非常广泛，如同意、拒绝、掩饰、反思、屈服、自责、羞愧、认错等，需要结合动作发生的具体环境进行仔细甄别。

五、仰头——是敬仰也是愤怒

仰头的意思比较多，这些意思与仰头的来源有密切关系。

首先，仰头的动作来源于动物，狒狒、大猩猩、猴子等灵长类动物相互之间示威的时候，常常会把头抬起来，将下巴向前伸出。人们在吵架的时候，偶尔也会表现出这个动作，长此以往，仰头有时就会表示愤怒、敌对、生气的意思。2001年，伊拉克战争结束后，美军活捉了伊拉克前总统萨达姆，并将其送上了法庭。萨达姆接受审讯期间，面对法官的提问，总是高高地仰着头，表示对法官的不满和愤怒。

其次，仰头的动作也可以在小孩子身上观察到，当小孩向大人要东西的时候，由于个子太低，需要把头仰起来，眼巴巴地看着大人，希望能从大人那里获得满足。成人之间也保留着这个动作的痕迹。当一个人有求于另一个人时，当普通人面对权威人物时，当信众面对宗教造像时，都会在不知不觉中仰起头来，因此，仰头还有乞求、虔诚、尊敬的意思。

如果仔细回想一下，你就会发现，世界各国的宗教场所内，宗教人物的造像在设计时，通常都会按照现实比例的几倍甚至几十倍来设计，其目的就是要强化信徒内心对造像顶礼膜拜的感受。有些公司的老板或高管，为了能够造成一种让别人仰视自己的场景，会有意让员工或客户坐在低处，而自己坐在自己精心设计的位置较高的座椅上，其目的就是想在设置上使自己处于交谈中的有利位置，迫使员工在交流时一直仰头，进而促进员工产生臣服、敬仰的心理感受。

我一直在思考一个问题：仰头有时会因为交谈双方身高原因而不可避免地产生，这会对人们造成什么样的影响呢？试想，一个低个子的人和一个高个子的人站在一起交流，或许两个人权力大小相同、职务高低一样，但由于身高的差异，低个子的人需要仰头和高个子的人说话，那么，在旁人看来，会不会感觉低个子的人在气势上会矮高个子的人一等，以至于高个子的人会在人们心目中留下更好的印象呢？

那么，这样的猜想是否有一定的科学依据呢？为了证实这个猜想，甄言堂研究人员曾经做过一个有趣的实验：随机选择30位志愿者，要求其对站在一起的不同性别的模特进行印象评估，满分为10分。模特共分两组：第一组是5对身高差异在5厘米左右的男性，第二组是5对身高差异在3厘米左右的女性。统计结果显示：无论是男性组还是女性组，身高占优势的人总能获得较高的得分（总平均8.7分），而身高较低的人只能获得相对较低的得分（总平均7.1分）。

究其原因，我认为，人们在观察个子比较高的人时，会在无意识中仰起头来看，而仰头的动作则会在不知不觉中导致尊敬和景仰的感觉产生，因此，评分会偏高；当评估个子比较低的人时，评估者会平视或俯视模特，俯视会在无意识中暗示评估者：对方是一个无足轻重的人，因此，评分就会相对较低。

当然，单凭身高来对人进行评估的方法显然是不科学的，但是，人们却难以摆脱这种影响。美国有相关专家仔细研究美国历史上46次两党竞选人身高数据及总统选举的结果后，吃惊地发现：身高更高者胜利了27次（59%），30次在普选票中获胜（但3次在选举人票中失败）；身高较矮者胜利了17次（37%）；有两次选举两党候选人的身高基本相同。就拿2008年美国总统选举来讲，奥巴马身高1.85米，高出麦凯恩17厘米，在身高方面拥有绝对优势。虽然身高不是奥巴马获胜的唯一原因，但我们不能否认，美国人在同等条件下，内心会倾向于选举个子高的人当总统。

六、观头形然后识人性

至此，我们已经明白了头部动作的变化与人的内心想法与态度的紧密联系。那么，假如头部没有动作，是不是就不能传达出任何的心理信息了呢？答案是否定的。

其实，头部的形状本来就能传递出许多重要的信息。动物学家对自然界的许多动物头部的形状做过分析，结果发现：动物的性格与它头部的大小有密切关系，头部大的动物一般都很好斗，而头部小的动物一般都比较温驯。进一步的研究还表明，动物头部与身体之间的体积（或重量）之比越大，动物的智商就越高，其在自然界的生物链中生存的概率才越大；反之，其智商就会低，其生存概率就会变小。

美国心理学家也由此提出了这样一个观点：头部越大越饱满的人，其智商可能越高，反之，其智商则越低。英国《独立报》也曾报道过这样一则有意思的研究：爱丁堡大学女王医学研究所的研究者对48名志愿者进行了核磁共振检查和智商测试，结果发现：头体积越大的人，智商基本上就越高；其一般的规则是，从前额到后脑、从头一侧到另一侧的空间范围越大，智商就越高。

仅通过头部的形状来对人做出基本的认识和判断的做法，在中国古代,早已经有之。通过头部的形状不仅可以观察一个人是否聪明,还可以识别人的性格,这是古代识人术和面相学中的一项重要内容。比如,范蠡评勾践"长颈鸟喙",只能共患难而不能同享福;诸葛亮评魏延头有"反骨",不可重用等,就是很好的例证。这里需要强调的是,通过头部的形状来识人用人的做法并不是迷信、唯心的做法,而是融入了生理学、心理学、医学、遗传学、人类学、骨相学等学科知识,并经过严格的统计推理而形成的一门社会学问,虽然不完全符合现代科学理论研究的模式,但其对人们在生活中识人用人来说所起到的参考作用和提示意义却是不可低估的。

下面,我将结合中国古人通过头形来识人的经验,以及我在识人方面的经验和心得体会,来总结一下生活中最常见的五种头形对识人的启示,具体如下:

1. 四方形:前额饱满,头上部呈方形,下巴也是方形,其头部形状的基本特征是面部棱角分明。四方头形的男性较多,而女性较少。有这种头形的男人具有领袖风范、能干实业、善于冒险、喜好运动、精力充沛、生性活泼、不受拘束、热爱自由、务实求真、吃苦耐劳。其缺点在于,不喜欢读书,难以深入持久地思考问题,兴趣易转移,缺乏主见,能如实地执行领导的意见却很难将自己的思想一以贯之地执行下去。

2. 窄长形:上额头窄,脸廓较长,头部形状主要呈长方形。具有窄长头形的人,男性居多,而女性较少。男性多擅长人际交往、随机应变能力强、聪明友善、温文尔雅、彬彬有礼、理智警惕、上进心强，这种人最擅长使用计谋和策略，善于进行政治斗争和权力角逐，属于有手腕的人，自控能力强，做事有恒心，不达目的决不罢休，属于意志型的人。窄长头形的人适合做公关、外交、推销、运动员、警察等工作，其最大的缺点是做事缺乏魄力和执行力。

3. 似圆形：额头饱满、下巴圆润，没有过分明显的棱角。整个头形和脸形均呈圆形是似圆头形人的头部形状的主要特征。具有似圆头形的男性和女性都比较多，男性多四面圆通、八面玲珑、乐观豁达、机智幽默、易于接近、亲和力强；女性则温柔善良、和蔼可亲、聪明伶俐、随遇而安，是难得的贤内助。不过，头形似圆的人的缺点是天生好吃懒做、贪图享乐、不爱运动，体形也常常比较胖。似圆头形的人，无论是男是女，都比较擅长行政管理和理财做账，如果这样的人当上了领导，则容易滋生腐败，须高度警惕。

4. 鸭蛋形：鸭蛋头形的人其头部最大的特征就是从整体上看，外形两头略圆，两腮突出，像一个鸭蛋的形状。这种头形的人若是男性，则处事稳重、善于思考、言谈谨慎、心胸宽阔、做事严谨、善于交际，适合从事行政管理和职业经理人一类的职业。不过，这种人的缺点是自私心重，死爱面子，承受挫折和压力的能力较弱。鸭蛋头形的女性聪颖可爱，爱好读书，有艺术天赋，擅长管理家务，为人温顺，宜从事教师、医生、文秘等职业，其缺点是头脑简单、心胸狭窄、情绪易冲动。

5. 倒三角形：倒三角形头形的人，其前额高而宽，下巴尖而长，脸形如同一个倒立的三角形，因此称其为倒三角形。这种头形的人以男性居多，女性极少。倒三角头形的男性聪明灵活、逻辑严谨、好学深思、创造力强、有艺术细胞、足智多谋、随机应变能力强。但这种人也有其难以克服的缺点，即身体体质较差、看起来缺乏活力、经常会空想、情绪自控力差、容易冲动。发明家、文学家、教育家、评论家、思想家、幻想家多属于此种类型。

第7章

握手读心

我接触过的手,虽然无言,却极有表现性。

有的人握手能拒人千里……我握着他们冷冰冰的指尖,就像和凛冽的北风握手一样。

也有些人的手充满阳光,他们握着你的手,使你感到温暖。

——[美]海伦·凯勒

在现代社会，握手已经成为一种大众化的社交礼仪，同时，也是那些在职场摸爬滚打的白领人士的一项必备社交技能。握手看似简单，但其中也蕴含着深意。在两个人第一次见面时，握手是双方的第一次肢体接触。通过握手洞察对方的心理状态、探知对方内心的秘密，已经成为人们在无意识中附加在握手礼仪之上的一项重要的心理任务。

一、握手源自中世纪的欧洲

众所周知，握手是现代社会一种常见的社交礼仪，被广泛应用于各种社交场合。但是，握手的来源及发展史，却一直鲜为人知。

早在远古时代，人类主要以狩猎为生，对外部世界保持着绝对的警惕，因为，随时有可能发生各种不可预知的危险，除开自然界的闪电、雷雨、洪灾、泥石流，来自其他部落的围攻、凶猛野兽的袭击更为令人担心。为了保证安全，人们通常在外出采摘果实或狩猎的时候，手中都会拿着石块或短棍，如果遇到陌生人，会立即进入警觉状态，并做好战斗准备。但如果发现对方并没有恶意，则要向对方表示友好。为了避免不必要的误会发生，双方都会赶紧扔掉手里的石块或短棍，并且摊开手掌让对方看看，以表示自己手里没有藏东西，不会对对方构成威胁。

随着时间的推移，世界各地都发展出了新的示意无害、表示友好的方式，比如中国人会施以拱手礼，即将双手微微交叉或并拢，手臂前部上举，让对方完全看到，以示友好和尊敬。这个动作一直在中国持续了几千年，直到现在，仍然可以在许多地方看到。

与中国不同，欧洲发展出新的示意无害、表示友好的方式——握手。在中世纪的欧洲，各国的骑士们在作战的时候，都要从头到脚全副武装，除两只眼睛外，全身都包裹在铁甲里。

对骑士来说，这样做有两个好处：一来可以有效地保护自己的安全，二来可以随时向对手发起攻击。这里需要重点指出的是，在骑士右手臂护腕处的盔甲里，常常会隐藏着短刀或暗器。当手中的长刀剑在格斗中被对手击落时，短刀或暗器便成了近身格斗的唯一有效致命武器。因此，骑士的护腕一直被视为一个危险的部位。也正是因为这个原因，当骑士们要向对方表示和平共处、友好尊敬时，双方就会互相走近，脱去护腕处的甲胄，伸出右手，以表示没有隐藏任何武器，不会威胁到对方的安全。这样做还远远不够，为进一步表示友好和尊敬，他们再靠近一些，直到1米左右的地方，然后伸出右手来，相互交叉握住对方的小臂，如图7-1所示，上下抖动三到五下，再向后滑出，最后双手相握，表示已经确认对方真的没有带有任何威胁性的武器，感谢对方的信任和坦诚，此时，握手双方的脸上常常会露出笑容并彼此问候。当这个过程结束后，双方才会进一步深入交流。这是握手的雏形动作。经过长期的发展，握手已经逐渐演变成了我们今天的握手礼，在世界各国的社交场合中广泛运用。

如果我们仔细观察的话，可能会吃惊地发现，现代的握手礼中仍然保留着古代握手的原始特征。比如，为什么握手礼仪在男士中比较流行？为什么握手的时候，要上下抖动几下呢？为什么握手的时候，要脱掉手套才表示礼貌？要想回答好这一系列问题，只要我们仔细分析一下骑士们握手的过程和原因，就不难明白这其中的道理了。

我们知道，欧洲中世纪的骑士几乎全都是男性，女性主要在家料理家务和照顾孩子，在女性之间也不存在决斗的情况，因此也就没有握手的机会了，所以，握手主要发生在男性之间。虽然现代社会男女平等，但握手这样具有深厚历史渊源的动作依然保

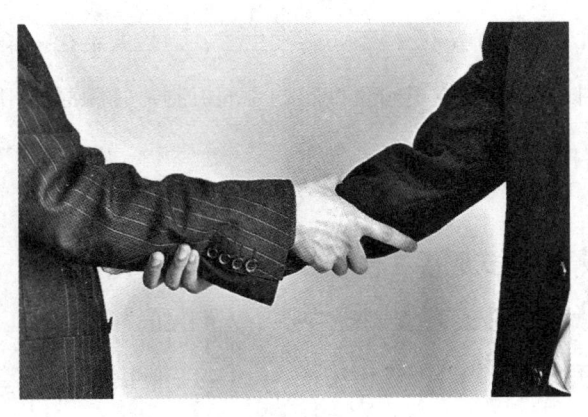

图 7-1　原始握手的方式

留了历史的传统，主要发生在男性之间，这一切并不难理解。

至于为什么人们在握手的时候，要上下抖动几下？在前面我们讲述握手产生和发展的过程时已经有所提及，并不难理解。需要强调的是，这个上下抖动的动作在如今只具有象征意义，象征着要"抖出手臂里隐藏的武器"，或者"检查手臂里有没有隐藏武器"，但是，又有谁在握手的时候会想到这些呢？人们只会把握手时的抖动和"认识你让我心情非常激动"联系起来。

最后，我还想说说为什么在握手时，要脱掉手套才表示礼貌。这主要是因为手套具有象征意义，它象征着欧洲骑士手臂上的盔甲。虽然两者形态各异，但却有着本质的内在联系。如果在握手时，有一方戴手套，会很容易激发对方内心的不安全感，让对方感到不舒服，因此，人们会认为不脱手套握手是一种没有诚意、不礼貌、不友好、不尊敬人的表现。

虽然说握手已经单纯地发展为一种社交礼仪，中世纪欧洲骑士所担心的危险情况已经不可能发生了，但是握手礼在长期的发展过程中，已经形成了一套相应的心理机制，并深深地印刻在我们的内心深处。

二、中国式握手礼仪

前面已经说过了，在古代中国，人们见面并没有握手礼，而是以拱手礼表示相互问候和友好。见面打招呼时，人们会先以目光来交流，等走到对方身前两三尺的地方，然后面对面站立，拱起双手，同时弯腰，以表示友好和尊敬。只有在夫妻之间，表示亲昵和分别的时候，才会使用握手礼，并且还是四手相握，比如，西汉大臣苏武在《留别妻》里曾写道："行役在战场，相见未有期。握手一长叹，泪为生别滋。"诗里描述的就是在上战场前，丈夫与妻子握手长叹，挥泪告别时的情形。这虽然也叫握手，但和我们这里所说的握手礼仪还是相差甚远的。

现代社会，握手礼流行于包括中国在内的许多国家，广泛应用于见面、离别、祝贺或致谢等各种场合。作为一种礼节，人们在握手时通常先打招呼，然后相互握手，同时寒暄致意，相互问候。世界各国在握手的要求上基本是一致的，讲究"尊者为先"的握手顺序，即应由主人、女士、长辈、身份或职位高者先伸手，客人、男士、晚辈、身份或职位低者方可与之相握。行握手礼时，不必相隔很远就伸直手臂，也不要距离太近。一般距离约一步，上身稍向前倾，伸出右手，四指齐并，拇指张开，相对而握，握住之后，力度适中，上下抖动三五下，不要攥着不放，也不要过度用力。若男士与女士握手，不要满手掌相触，而是轻握女士手指部位或整个手的一半即可。

除此之外，握手礼还可向对方表示鼓励、赞扬、致歉等意思，其要领是握手时要热情有力，时间相对较长，目光注视对方，同时还要配合适当的语言。

握手作为一种重要的国际社交礼节，要想让它发挥出必要的作用和功能，需要注意握手礼当中的十大禁忌：

一是不要用左手相握，尤其是和阿拉伯人、印度人打交道时要牢记，因为在他们看来左手是不干净的，是用来做肮脏的事情的，伸出左手去握别人，会被视为歧视对方。

二是在和基督教信徒交往时，要避免两人握手时与另外两人相握的手形成交叉，这种形状类似于十字架，在他们眼里这是很不吉利的，会让大家心头产生一种不祥的预感。

三是不要在握手时戴着手套或墨镜。只有女士在社交场合戴着薄纱手套握手才是被允许的，男士戴着手套握手通常被视为轻蔑、敌对和不友好，是要尽力避免的。

四是不要在握手时另外一只手插在衣袋里或拿着东西，这样会被人视为敷衍了事，不是真心诚意。

五是握手时要面带微笑，问候简短礼貌，不要面无表情、不置一词或长篇大论，也不要点头哈腰、过分客套——这些做法常被视为不友好或另有所图，不利于握手之后的进一步交流。

六是不要在握手时仅仅握住对方的手指尖，这样的握法给人一种应付了事、有意与对方保持距离的感觉。正确的做法是要握住整个手掌，掌心与掌心相对合实，如果是异性，可以适当少握一点，留出一点空隙。

七是不要在握手时把对方的手拉过来、推过去，或者上下左右抖个没完。像美国前总统特朗普那种特别的握手方式，常常被认为是一种不礼貌、不合作、不友好或别有用意的做法。

八是不要随意拒绝和别人握手。如果手有疾病、手上有汗湿或不小心弄脏了,需要在对方伸出手时,向对方解释一下"对不起,我的手现在不方便",以免造成不必要的误会。

九是在与别人握手时,切勿把目光盯到第三方身上,更不要在握手时与第三方说话,这样的做法会给人一种不尊重、不礼貌的感觉。正确的做法是在结束当前握手后,再与第三方握手打招呼。

十是在与他人握手之前,最好先要保证自己的手是干净的、清洁的和没有疾病的,否则,既使你面带微笑地与别人握了手,也表示了友好,但依然会给对方留下不被尊重的感觉。

以上十个握手时的禁忌是我平时从工作、生活和社交场合中总结出来的,目的是让大家能够更好地、正确地使用好握手这个礼仪。其实,握手不仅仅是一种礼仪,也是一种读心的方式。除了正常的握手动作,还有各种各样的握手形式,下面,我将一一为大家分析介绍。

三、合作式——真诚合作

合作式握手是最常见的一种握手。如同握手本来的意思一样,合作式握手就是为了表达双方合作的诚意。在握手时,双方同时将手伸到身体正前方的位置,虎口正对虎口,手心紧贴手心,然后双手握在一起,上下抖动三到五下,力度适中,时间约为3—5秒,动作如图7-2所示。合作式握手常在双方想法一致时、合作开始前、谈判成功后,需要用肢体动作来进一步表达诚心、显示友好、升华情绪时使用,以体现双方的真诚和友好,为接下来的会谈交流和进一步的合作奠定良好的心理基础。

合作式握手应用最为广泛,小到普通的社交生活,中到正式的商务谈判,大到严肃外交场合,合作式握手应用的频率都是最高的。因此,掌握好合作式的握手要领是非常必要的。

图7-2 合作式

四、欢迎式——热烈欢迎

欢迎式握手在日常生活和社交场合中都比较常见。欢迎式握手是在合作式握手的基础上,再增加一只手,即用两只手握住一只手,在保持身体基本正直的情况下,面带笑容,身体微微前倾,以表示对对方的欢迎,或者见到对方感到很高兴,如图7-3所示。

欢迎式握手主要适用于下级欢迎上级、晚辈欢迎长辈、地位低的人欢迎地位高的人、普通群众欢迎权威人物等时机和场合。当然,有时候为了表达自己的感激之情和尊敬之意,朋友之间、

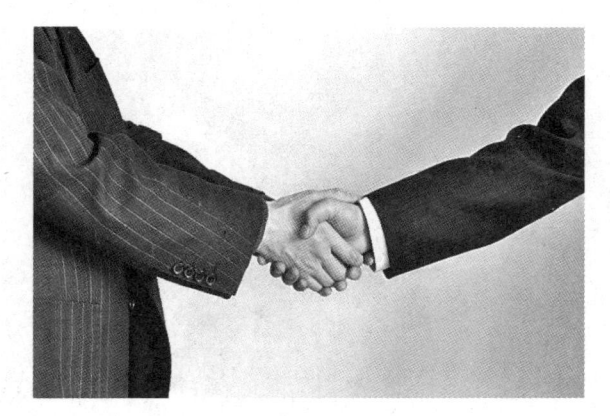

图 7-3 欢迎式

同事之间也会偶尔使用一下欢迎式握手。当我们用双手握住来客时，被握住手的人会立刻产生一种温暖的体验和受尊敬的感觉。当然，施礼者也会借握手的机会，向对方同时传递热情真诚的个人心意和不卑不亢的处事原则。

五、恭敬式——毕恭毕敬

恭敬式握手和欢迎式握手比较相似，其手部动作几乎是完全相同的，唯一的不同在于躯干和头部的动作。在恭敬式握手中，主动施礼者要把腰略微弯下来一些，同时还要配合着把头低下来一些，弯腰和低头的幅度表示了对受礼者的尊重程度，如图7-4所示。

一般来说，在下级见到上级，弱势一方见到强势一方，卑微之人见到高贵之人，普通群众与权威人物见面时，为了表示特别的恭敬和尊重时，或者有要事相求于对方时，才会用恭敬式握手

图 7-4 恭敬式

来表达谦恭和诚意。恭敬式握手通常表达的都是个人对个人的礼节。如果是单位或组织领导以及国家领导人之间见面时，合作式握手和欢迎式握手是使用最为频繁的握手礼仪，恭敬式的握手则属于一种禁忌的握手，因为这种握手常常被认为会让施礼一方有失体面或"越礼"。

六、单刀式——积极真诚

"单刀"这两个字猛地听起来有些来者不善的意思，我觉得要加上引号才会更恰当一些，因为，它的意思并不是表示来者不善，而是表示诚意满满。虽然单刀式握手的动作中，主动施礼者伸出手后，像一把刀一样，会给人一种来势汹汹、主动出击、直截了当的感觉，但实际上则是表示施礼者积极主动、礼貌热情、诚意满满，如图7-5所示。

图 7-5 单刀式

在单刀式握手中，受礼者可以借握手的机会，感受到对方的诚意、热情和主动，同时，也能感受到对方的行为方式、性格特点和合作意图。了解这些信息，对于明确后续交流沟通基调和调整谈话策略都具有重要的参考价值。

七、下压式——气势压人

下压式握手虽然不是一种礼貌的握手方式，但在社交场合中也比较常见，它是指一方以向下大力按压另一方的方式来握住对方的手，握手时，两手虎口相对，掌心紧贴，但不是左右平行关系，而是压迫与被压迫的关系，如图7-6所示。

在下压式握手中，被压迫一方常常会有一种明显的被压迫感，而主动施压的一方内心会产生绝对的优越感，在气势上也胜对方一筹，因为，在握手的接触中，主动压迫的一方显然占据了

图7-6　下压式

主动权、控制权，获得了足够的心理优势。而握手中处于被压迫位置的人，可以迅速通过这个握手判断出，对方可能是一个攻击性、控制欲和占有欲都很强的人，在合作时，对方有可能会独断专行，不太会顾及别人的感受和想法。受压迫一方若要想改变被压迫的局面，可以主动地选择将当前的握手姿势转换为成功式握手，或者直接翻转手腕，转而将对方的手压迫于下方，同时向对方传递反压迫、反强势的心理信息。

有一次调查结束后，有一个朋友得知我要写一本肢体语言解读方面的书，便介绍并安排我与陕西某出版社的一位编辑朋友见面。见面的第一礼仪自然是握手了，让我没有想到的是，这位编辑老师居然使用了经典的下压式握手，让我有点猝不及防。稍稍停顿之后，我便顺势将这个动作转换为成功式握手，这位编辑一脸尴尬，而我则是一脸微笑。后来，在听了我的写作思路后，他表示非常满意，愿意帮我出版这本书，但我却没有当场答应他。因为，他的握手方式给人一种高高在上、掌控一切的感觉，这让我对后期的合作并没有十分的信心。我不想在合作中总是受制于人，于是，两次沟通后，我便委婉地拒绝了他。

八、下挫式——挫其锐气

下挫式握手是在合作式握手的基础上将对方的手腕向下使劲摁压，使对方在瞬间产生一种挫败感。在下挫式握手中，受挫一方常常会感受到比合作式握手更大的力度，甚至会伴有轻微疼痛的感觉，两只手臂所形成的"V"形的开口略向受挫一方倾斜，如图7-7所示。在下挫式握手中，受挫一方可以借此机会迅速判明对方的心理状态和用意，显然，力图在握手时让对方产生一种挫败感的人，应该是一个更加强势、更加具有攻击性和控制欲的人。

受挫一方要想改变在首次较量中的不利地位，一个最巧妙的方式，就是轻轻用力往后拉一下，便可将倍感受挫的握手变成合作式握手；如果想要反败为胜的话，还可以更进一步将已经握住的手向左侧翻转，而将其变成下压式握手，将所承受的心理压力传导给对方。

下挫式握手在生活中相对比较少见，因为，这种握手方式不够友好，不够礼貌，是社交活动中的禁忌动作。不过，有时候当我们想挫一下对方的锐气，向对方传递一些强硬、征服和控制的信息时，这个动作便是最方便的一种方式，因为下挫式握手确能

图 7-7　下挫式

让对方在心理上产生挫败感。通常，在企业并购谈判中，由于双方意见经常相左，所以在会面时，可以经常看到下挫式握手，即都想从心理上挫败对方、征服对方，让对方听从自己的意见。但是在企业合作谈判中，由于双方都想尽力把事情做好，以谋求共赢，所以下挫式握手会比较少见，而合作式握手会比较多用。

九、拽拉式——拉拢控制

拽拉式握手是在合作式握手的基础上，双方为了争取主动权和控制权，而出现微弱的相互拽拉动作的握手方式。从侧面看，我们会发现，两只手的握点明显偏离中心线而偏向主动拽拉一方，如图 7-8 所示。拽拉式握手能准确反映握手双方内心的需要倾向。被拽拉一方会有一种明显被拉拢的感受，将这种感受翻译过来，意思就是："你是我的人""你站在我这边""我需要你帮助"。

图7-8　拽拉式

在职场中，一个公司高管看中另一个公司的某个职员时，或者公司老板对某个员工表示欣赏时，便会在握手中不知不觉采用轻轻拽拉的方式；而一个员工若采用拽拉的方式去握上级的手，则可能暗示着，他需要上级的照顾和帮助。如果是两个老板在合作会谈中使用拽拉式握手，则表明双方都想要主导这场合作。假如一位男士与一位女士握手时，采用了拽拉式握手，可能预示着这位男士对女士产生了好感，并想进一步和她交往。但如果是这位女士主动采取了拽拉式握手，也可能表示，她愿意让这位男士靠近她，也可以说她对这位男士产生了好感。

十、半握式——缺少诚意

半握式握手是在握手的时候，只握住对方的四根手指，而没有与对方的手掌对握，如图7-9所示。这种握手的产生有两种可能：

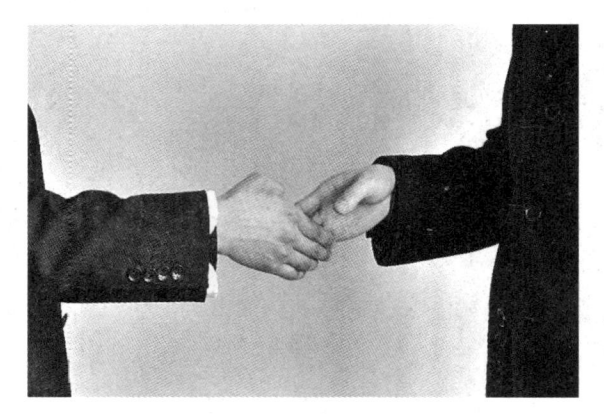

图7-9 半握式

一种可能是被握住半只手的一方并不愿意去握对方的手，但对方已经伸出手来，迫于无奈，所以只好伸出半只手来应付一下；另一种可能是主动伸手的一方，也并不是很想握住对方的全手，只是出于礼节，象征性地表示一下友好，所以，就只握住对方的半只手。

如果在一场商务谈判中，双方代表是以这种方式握手，这有可能预示着双方都没有多少诚意，至少有一方是缺乏诚意的，因此，双方谈判成功的概率比较小，深度合作的可能性更小。

需要强调的是，在分析半握式握手时，有一种例外情况必须予以考虑，那就是女士和男士初次见面握手时，男士半握女士的手表示有礼貌和有分寸，全握则反倒显得不礼貌或粗鲁。

十一、包裹式——完全掌控

包裹式握手在社交场合使用得比较少，但偶尔也可以碰到。

之所以要在这里专门来讲它，是因为这种握手一旦出现，其意义特别重要。包裹式握手通常是主动包裹的一方将另一方的整个手全都握住，不留一根手指在外面，如图7-10所示。

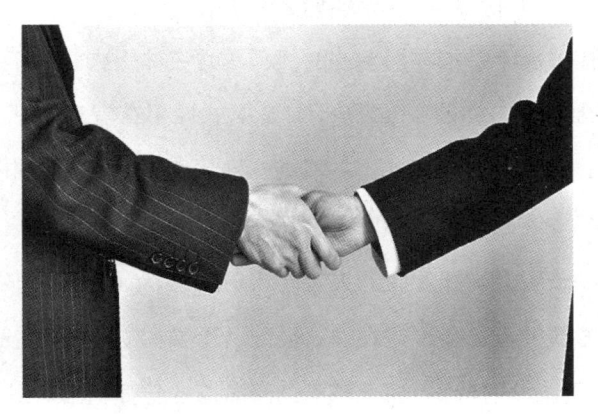

图7-10　包裹式

包裹式握手是社交礼仪中被禁止的一种握手方式，这种握手极其生硬且不礼貌。在这种握手中，被包裹一方会感到非常别扭，非常难受，失去自由，受制于人但又无力反抗，只能选择忍受。从包裹式握手中，主动包裹的人，通常会比较强势、独断专行，做事只顾自己的感受，而不考虑对方的感受。反过来讲，能被对方以包裹方式握住手的人，通常做事粗心大意、准备不足、容易陷入被动，顺从性和依赖性比较强。

如果被包裹住的是一位女性，而主动包裹的是男性，那么，这个握手可能暗示着，该男子可能有大男子主义倾向，而有依赖性人格特质的女性有可能从中感受到一些安全感，并对此男子有一种依赖感。但大多数比较独立的女性会对包裹式握手产生厌恶感，当然，对使用这种握手方式的男人也自然会反感。

十二、多指式——蔑视对方

多指式握手是指在握手的时候，一方只伸出去部分手指，而没有伸出全手，如图7-11所示。多指式握手在现实生活中也不太常见，因为，这种握手实在不是一种礼貌的做法。假如一个人满怀热情地迎上来要与你握手，而你却只伸出去几根手指，对方的内心中一定会有止不住的失落感和厌恶感。因为只伸出几个手指给对方握的人，多半是高傲、轻蔑、冷漠和缺少同情心的。与半握式相比，同样都是缺乏诚意，而多指式更强调因对对方蔑视和不屑而缺乏诚意。

一般来讲，男士和男士之间很少看到这样的握手，而男士与

图7-11　多指式

女士之间则容易出现这样的情形——一些自视高贵的富家女和明星大腕,为了表示自己的矜持和高雅,通常只会伸出几个手指,以表示对握手者的不屑。

倘若,你要参加一场商务谈判,对方代表是一位女士,在首次见面的握手中,她伸出几根手指让你去握,那么,这基本上表示,她有些瞧不上你,没多少合作的诚意,你早做打算才是上策。

十三、缠臂式——深度合作

缠臂式握手是最原始、最古老的握手方式,它保留着握手动作起源时的原始痕迹,如图7-12所示。这种握手方式要求在握手时,双手先相互缠绕,直接握住对方的小臂,而后,再顺着小臂滑回来,直到双手相握。现代社会中,这种握手非常少见,只有一些关系非常好的朋友见面时偶尔可能会以这样的方式握手。

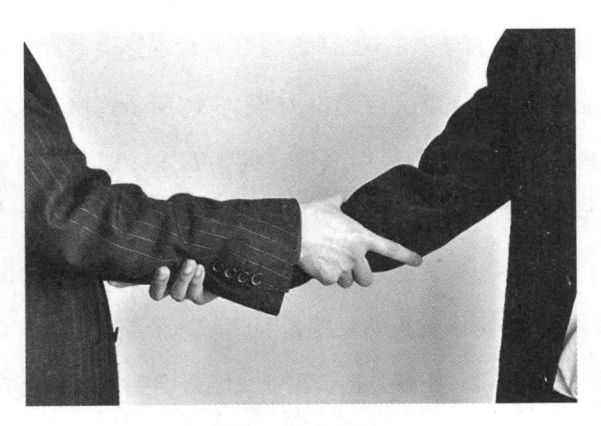

图7-12 缠臂式

除此之外，一些企业老板之间有深度合作意向时，在兴奋激动的状态下，有时也有这样的握手。

通常来讲，缠臂式握手一般不会出现在初次见面和合作中，而多半会出现在初次合作成功，想进一步深入合作的时候。万一碰到初次见面就这样握手的情况，则多半隐含着对对方的不信任，或者说充满了试探的意味。记得在我读研究生的时候，经常帮一个代课老师做一些辅助性的科研工作，我们配合得非常愉快，我学到了不少东西，老师对我也非常满意。在毕业前，他特意来为我送行，当时，他与我心领神会地采用了缠臂式握手，意味深长，我至今记忆犹新。

十四、擒拿式——主动控制

"擒拿"一词听起来，让人无法将其和社交礼仪中的握手联系起来，但现实生活中，就有这么一种特殊的握手方式——擒拿式。采用擒拿式握手的时候，"擒拿"一方不是去主动握对方的手，而是直接去握对方的手腕，如图7-13所示。擒拿式握手一般不容易促成，所以能运用擒拿式握手的人，通常都是心机满满、有备而来，试图通过握手来传递控制信息。

当手腕被对方握住之后，就会产生一种强烈的被控制感。被控制的感觉最容易引起人的反感，因此，这个握手的动作显得非常不友好、不礼貌，在商务礼仪和社交场合中都是被禁止的。

如果在合作谈判中，双方第一次见面握手时，对方就对你实

图7-13 擒拿式

施"擒拿"手法，你一定得警惕，可不要以为对方与你开玩笑。请一定记住：肢体语言是不会开玩笑的，它们都是诚实的。倘若你无视这种握手，执意要与对方合作，那么，你很可能将在这场合作中完全受制于人，而对方根本不会理会你的感受，你将会像牛一样被对方牵着鼻子走。

十五、击掌式——合作默契

击掌式握手是年轻人经常会使用的一种握手方式，握手时要求双方将手伸直，手掌相对，同时拍击，表示相互之间合作愉快、配合默契、关系密切，如图7-14所示。许多中学生、大学生、时尚白领人士有时会使用这样的握手方法来打招呼。

在击掌式握手之前，双方通常会有眼神交流，当其中一方先举起手时，另一方也会立即心领神会，同时举起自己的手来与之

图7-14　击掌式

默契击掌配合。如果配合不默契，两只手没有拍中，则可能表明双方的关系也没有那么默契。如果你与陌生人第一次见面握手，最好不要使用这样的握手方式，因为，假如对方并没有领会你的意图，就很容易出现误会。

十六、成功式——合作愉快

成功式握手要求握手双方将手抬至与肩同高的位置，然后握住，使两只手臂形成一个"W"形，也可以理解为两个连在一起的"V"，如图7-15所示。当双方共同合作完成一件事情之后，为了表示相互鼓励和祝贺，常常会以成功式握手来表达。

成功式握手最早出现在网球比赛中，由于运动员进行正常握手可能会碰到球网，所以才采用这样的握手。后来在许多其他的体育赛事当中，我们也常常看到，比赛结束时，双方会走到一

图 7-15　成功式

起,做出一个成功式握手,以表示祝贺对方的精彩表现。在商务谈判中,当谈判取得实质性进展时,双方偶尔也会以成功式握手来表示对谈判结果都非常满意,对合作成功充满希望。

十七、僵化式——缺少感情

僵化式握手,有时也叫"死鱼式"握手,这是一种夸张的称呼,它是专门用来描述那些在握手时行为被动、动作僵化、毫无感情投入的握手动作,就像一条死鱼一样,任凭对方随便握而没有任何变化和反应,如图 7-16 所示。

僵化式握手通常都是为了象征性完成握手的任务,并没有主动积极地参与握手的冲动和想法,多半是在被动的状态下进行的。在握手的时候,当一方热情地伸出自己的手,却握到了一只像死鱼一样的手,其内心感受不言而喻,后续的沟通和合作的意

图 7-16　僵化式

愿会受到严重影响。僵化式握手常常会传递出不情愿、不友好、不主动和不合作的心理信息。如果你握住合作伙伴的手感觉就像握到了一条死鱼一样，那么，这可能意味着你们今后的合作将会变得非常艰难。

十八、抓腕式——轻度控制

抓腕式握手是指在握手时，右手按照正常的姿态来握住对方的右手，左手随后上前抓住对方的手腕，如图 7-17 所示。抓腕式握手，如果从其形成过程来看，并没有什么特别之处；但如果从其形态看，它可以看作是缠臂式握手的变形动作，与握手最初的形态最接近，差别只在前者是一只手，后者是两只手，不过，其试探和防护的原始痕迹和特点依然保留，即右手正常握手，表示友好，而左手却握住手腕，以确认衣袖当中是否隐藏有"暗器"，因此，其中充满了控制的意味。

图7-17 抓腕式

众所周知，现代人握手，完全是出于社交礼仪，根本不可能在衣袖中隐藏有任何"暗器"之类的东西来攻击对方，因而这个握手动作就更具有试探和控制的意义。经常抓腕式握手的人控制欲比较强，对他人缺乏足够的信任，缺乏基本的安全感，具有较强的自我防护意识。

假如双方要进行重要的合作谈判，那么，在握手中主动抓腕的人，可能会期待对合作伙伴有一定的控制优势，让自己在未来的合作中享有更多的控制权，于是，就会在握手时无意识中向对方传递"听我的"的信息。

十九、抓肘式——深度控制

抓肘式的握手，是指在握手时，右手按照正常的姿态来握住对方的右手，左手同时上前抓住对方的肘部，如右图7-18所示。像抓腕式握手一样，抓肘式握手的动作中仍然保留着原始握手动

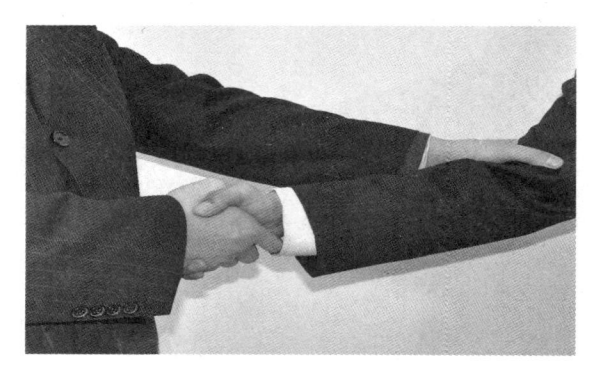

图7-18 抓肘式

作的影子。与抓腕式握手相比,抓肘式握手所要表达的控制欲望更急切,控制力度更深入,控制冲动更强烈。被抓住手臂肘部的一方活动的自由明显不便,受制于人。

抓肘式握手,是强势一方向弱势一方传递"你可要听我的哟"这个信息的便捷途径。如果你与合作伙伴初次见面的时候,他就采用抓肘式握手来与你接触,你可得警惕,这是一个强势的信息,或许对方早已在无意识中产生了在合作谈判中控制整个局面的冲动。

在抓肘式握手的较量中,显然,只伸出一只手的人很容易就处于下风。如果要在握手较量中立于不败之地,可以考虑使用同样的抓肘式握手,而假如想要反败为胜,可以考虑使用抓肩式握手来反击。

二十、抓肩式——绝对控制

抓肩式握手是指在握手时,右手按照正常的姿态来握住对方的右手，同时左手上前抓住对方的肘部之上至肩部周围的部位，如图7-19所示。抓肩式握手所要表达的控制力度是最强的。肩膀被抓住的人，不仅手臂不方便活动，而且整个身体也被控制住了，自由完全受限。

图7-19 抓肩式

一般来说，喜欢抓肩式握手的人，做事多半只考虑个人目标是否达成，只考虑自己的想法是不是被认同，而从不考虑对方可能会产生的感受、不反思自己的行为会给对方带来什么影响。与抓腕式和抓肘式握手相比，抓肩式握手与前两者的意思是一致的，只是在表达控制的程度上有所差异。抓肩式握手是一种具有绝对控制意味的握手方式，使用这种握手方式的人，通常具有极强的控制欲或高度的自信心。

二十一、关怀式——真心慰问

关怀式握手是在握手时，一方用右手托举另一方的右手，然后用左手轻轻地盖在对方的右手上，上身略微前倾，如图7-20所示。关怀式握手常常是在上级对下属进行慰问时用到，也可以表示长辈、上级或强势一方对晚辈、下级或弱势一方的关心。通常在关怀式握手的过程中，主动给予关怀的一方会面带微笑，有时还会轻轻地用左手拍一拍。

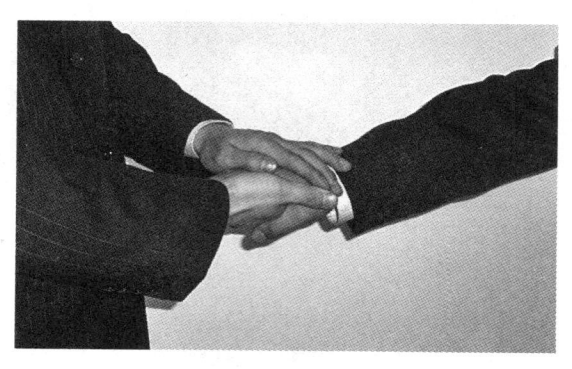

图7-20 关怀式

关怀式握手是所有握手中最让人感觉温暖和舒适的一种，力度适中，时间较长，控制意味较少，通常会在保持握手姿态的情况下进行短暂的沟通和交流，会让人内心感觉非常惬意和舒心。

假如你与合作伙伴握手时，你的手被对方拖举并覆盖，即对方以关怀式的方式与你握手，你就会在不知不觉中感觉自己处在弱势一方，因为你已经接受了对方握手动作的暗示。

二十二、坐握式——友好和谐

坐握式握手就是坐下来之后再握手，在握手之前，两人相互示意，有过表情或眼神的交流之后，同时伸出自己的右手，相对而握，如图7-21所示。这是一种握手之后的握手，礼仪之后的礼仪。一般来说，两个人见面之后，不可能一直不握手，等坐下来之后再握手。通常的做法是先站立握手表示友好，然后坐下来谈话之前或之后，为了再次表示礼貌或友好而增加坐握式握手。因此，有这个动作出现在会谈之中，整个会谈气氛总体就比较友好和谐。

当然，坐着握手也要符合握手的动作要领，比如说，时间控制在3—5秒为宜，力度要适中，否则，就会让人感到尴尬。

关于坐握式这种独特的握手方式，我觉得还需要指出一个问题：在坐着握手时，如果握手双方都是坐着的，则表示双方身份

图7-21　坐握式

地位平等；而如果一方是坐着的，另一方站立，那么，坐着的一方便占尽了优势。因此，如果在社交场合，你想与别人握手，而对方并没有站起来的意思，一定不要急于伸手去握别人，除非对方是令人尊敬的长者或老人。

二十三、走握式——没空理你

走握式握手就是在走路过程中，不得已而去握手，其本意是不想握手或顾不上握手，但却迫不得已，于是就像应付差事一样，象征性地握一下手，其蔑视的意味非常浓厚，如图7-22所示。一个人在走路的时候，如果碰到有人过来打招呼握手，正确、礼貌和尊敬的做法是先停下来，与对方握手寒暄，然后再一同行走，抑或分开。边走边握的做法显然是不妥当的，极具讽刺意味。在社交场合，这种握手比较少见，也属于禁忌的握手，但是，偶尔也可以见到。

图 7-22　走握式

二十四、藏握式——傲慢无礼

藏握式握手是指在握手的时候，把左手插在口袋里，而用右手去握，如图7-23所示。如果单独只看右手的动作，往往找不出什么问题，而问题恰恰就出在左手上。虽然正常的握手一般只用右手就可以完成，但把左手放在外面会让对方感到安全、放心，而如果把左手插在口袋里，就会让对方内心感到不踏实，总感觉"对方左手中隐藏着什么东西，会威胁到我"，其对对方的心理影响就如同戴着手套握手一样。

其实，藏握式还有一种变形的动作，就是在用右手握手时，左手不藏在口袋里，而是背到身后，这也是一种不礼貌、没诚意的表现，在社交礼仪中也是一个禁忌的动作。不过，有一个人，他经常与世界各国首脑握手，却几乎一直坚持把左手插在口

图7-23　藏握式

袋里,这被媒体视为"无礼的""傲慢的""缺乏诚意"的行为。这个人就是曾经的世界首富——比尔·盖茨。据新闻报道,比尔·盖茨曾经与法国前总统萨科齐、奥朗德,德国前总理默克尔等世界多国政要,包括与联合国前秘书长潘基文握手时,都采用了左手插在口袋里的做法。

二十五、拒握式——不想理你

拒握式握手就是准备握手却被直接拒绝或者推迟握手的一种握手形式,即一方将右手伸出来准备握手,而另一方故意不握手,或者推迟握手,如图7-24所示。被拒绝的一方因为被拒绝而未能如愿完成握手,内心受挫,感到尴尬,心情自然不悦,而作为主动拒绝或推迟握手的一方,通常都会有特殊的理由和明确的目的,企图通过此种方式来传递不愿意言说的信息。一般的社会交往中,拒握式也不是很多见,但一旦遇到,必然有重要的用意,不可轻视,不是传递不满,就是表达反感。

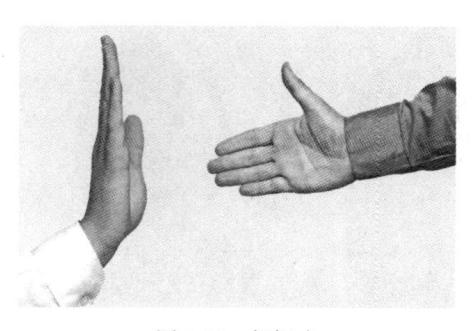

图7-24 拒握式

二十六、交叉式——都是朋友

交叉式握手也叫链条式握手，通常用于许多人一起握手的场合。握手时，每个人都双手相互交叉，同时握住两边人的手（最两边的人除外），最后形成一个"链条"，如图7-25所示。这种握手形式在一般的社交场合比较少见，但在有组织的集体活动中常用，表示大家和谐平等、关系友好。这种握手参与者至少三个人，人数没有上限，在容量上的特点是其他任何一种握手都不具备的。

需要说明的是，虽然说交叉式握手中所有人关系友好且平等，无所谓前后左右，但是，从视觉效果来看，居于中间的人往往比较重要，大多是活动的组织者或发起人。还要强调的是，交叉式握手的过程及效果也很能显示出参与者之间的关系和谐程

图7-25　交叉式

度，如果大家握手时形成不了"握手链"，或者形成后看着别扭，那可能反映了他们之间的关系是不和谐的。

二十七、碰肘式——以碰为礼

碰肘式握手就是以两肘相碰代替握手来完成见面打招呼的一种独特握手类型，是一种不是握手的握手，也叫碰肘礼，如图7-26所示。碰肘礼是由中国人率先发起的。在2014年利比里亚发生埃博拉疫情后，为了避免人与人之间可能会因为握手、贴面亲吻、碰鼻等方式传播病毒，中国政府援助利比里亚医疗队发起了碰肘礼，即见面打招呼不握手，而是行碰肘礼，很快，这种干净而新鲜的行礼方式在队员间迅速流行起来。后来，在埃博拉疫情结束以后，碰肘礼慢慢被人们淡忘。

2020年初，新冠疫情突然袭来，人们为了防止在社交场合出现病毒传染，再次启用碰肘式握手。由于这次疫情波及的范围极广，所以，碰肘式握手很快就在全世界范围内传播开来，下至普通群众，上到国家元首，纷纷用碰肘式握手替代原来的各种握手。

应该说，碰肘式握手是所有握手形式中唯一没有用到手的握手方式，表面看，这不像是在握手，而只是单纯地碰肘。但是大家可不要忘记，这种独特的握手之所以能很快地流行起来，其中主要原因是这种握手暗合了原始握手的深层心理需要，即可以象征性地"试探对方是否在手臂的护具中隐藏暗器"。再换句话说，这种握手虽然形式奇特，但"血统纯正"，处处闪现着原始握手

图 7-26　碰肘式

的影子，因此，它很快就被大家接受了。值得一提的是，在新冠肺炎肆虐全球之际，还有许多其他新的握手形态出现过，如碰脚礼、拱手礼、挥手礼等，都只是在小范围内使用，并没有像碰肘礼一样被广泛接受，我想，其根源应该就在"血统"这里吧。

二十八、握手中的左侧优势

在社会活动中，人们天天都要与很多人握手，可能很少会有人在意握手时所处的位置是在左侧还是右侧。但是，研究却表明：握手时，处在观众视野左侧的人常常在悄无声息中获得一定的心理上的优势。这种优势源自视觉，却可以作用于心理，我们将之称为左侧优势。那么，左侧优势在现实生活中，究竟是否存在，又有没有道理呢？

要想把这个问题回答清楚，首先，让我们先来回顾一下中国历史上的左右尊卑现象。在古代中国，左右尊卑并不是一成不变的，在不同的时期，存在着不同的规定。早在夏、商、周、秦、西汉时期，以右为尊，即以君主为准，君主的右侧为尊位。所以皇亲贵族称为"右戚"，世家大族称"右族"或"右姓"。从东汉到隋唐、两宋时期开始，又逐渐形成了左尊右卑的制度，即以皇帝为准，其左侧为尊位。这时期，左仆射高于右仆射，左丞相高于右丞相。但是，蒙古族建立元朝以后，又一改旧制，规定以右为尊，当时的右丞相在左丞相之上。等到了朱元璋建立明朝之后，又改为左尊右卑，此制为明、清两代沿用了五百多年。现代中国社会，也按照这一传统，奉行左为上的习惯。因此，从这个意义上讲，在中国，让来访的客人处在主人的左侧（观众的右侧），是表示对客人的尊重。目前，在中国，仍然坚持左为上的社交和公务礼仪，尤其是座次安排上，这一点显得尤为突出。

但是，心理学研究的结果却与此相反，即如果面对观众和镜头的时候，让客人处在主人的右侧（即观众的左侧），会让观众对客人产生更深刻的印象，从而让客人在无形中获得更多的心理优势，这也是对客人的一种尊重。在欧美地区，国家领导人会面或参加竞选时，大家都会尽可能地争取站在镜头的左侧，因为，处在左侧的人会获得更多心理上的优势。那么，这一做法有没有心理学的理论依据呢？下面为大家列举几项与左侧优势相关的研究成果。

现代认知心理学研究表明：人们视觉搜索的规律是先上下，后左右，并且上下搜索快于左右搜索。上下搜索时是按照从上到下的顺序，左右搜索时是按照从左到右的顺序。因此，当一高一矮两个人站在一起的时候，假如两个人完全平等，那么，高个子的人吸引观众的注意力要多一些，而矮个子的人被关注得要少一些；假如两个身高相当的人站在一起，那么，观众目光会首先落在左侧的人身上，并且目光在左侧人身上停留的时间要多一些。这是从视觉搜索视角来研究左侧优势，有一定的科学道理。

美国安大略教育研究所的约翰·克什纳博士曾经进行了一项针对教师的实验研究：在教师们上课的15分钟时间内，每隔30秒记录一次各位教师的目光指向。结果，教师们几乎完全忽略了位于其右侧的学生。记录的数据显示，教师们44%的时间里都保持着直视的目光，在剩下的56%的时间里，向左看的时间比例达到了39%，因此老师们留给右侧学生的时间就只占到了总时间的17%。进一步的跟踪调查还发现，坐在老师左侧的学生不仅拼写测试中取得的成绩要优于右侧的学生，而且就连上课时恶作剧和调皮捣蛋的次数也比右侧的学生要少。

另外，美国市场营销专家的实践也表明：销售人员坐在顾客左侧时所取得的订单数量要远远大于他们坐在顾客右边时的成交量。这提示我们，在一场商务谈判中，坐在对方左侧视野之内可能更容易给对方留下深刻的印象，也更容易促成双方达成合作意向。

甄言堂研究人员曾经做过一个实验：要求108名大学生（男女各一半）对两组人物图片进行评价打分，满分是10分，最低为0分，图片左右排列，中间间隔30厘米，实验之前并不告知学生两幅图片一样，只告诉大家，要求大家根据感觉，对两幅图片进行打分。第一组实验图片是个女孩子，左右两张完全相同；第二组实验图片是个男孩子，左右图片也是完全相同。实验结果表明：第一组测验左侧女孩子的平均得分为8.4分，右侧平均得分为8.1分；第二组测验左侧的男孩子的平均得分为7.9分，右侧平均得分为7.3分。这个实验在一定程度上很好地说明了，由于人们视觉搜索习惯的原因，处在左侧的人物可能会获得一些意外的评价优势。

由此看来，在各种社交活动中，处在人们视线左侧的人总能获得一定的心理优势，而处在右侧的人则会失去这个优势。尽管这个优势微乎其微，并不是每一次都能帮助左侧的人取得成功，但这一点微小的优势有时也能起到大的作用。世界各国高官政要面对镜头时，都会特别注意争夺这个微小的位置优势，以获取较大的心理优势，尤其是当他们一起出现在第三国时，争夺左侧优势则成为一种外交活动的常态做法。

如果你在社交活动中能有意识地使用这个技巧，日积月累，说不定哪一天，就会有奇迹和惊喜发生在你的眼前。

二十九、如何在握手中反败为胜

通过学习上面的内容，大家可能已经逐渐明白了，握手不仅仅是一种简单的社交礼仪，而且还是一种传递心理信息的重要途径。通过握手，双方都可以准确地洞悉对方的心理态度、行事作风甚至个性特点。我认为，握手中还充斥着一场隐形的心理较量,尤其是在政治、经济、社交、商务等领域,握手还具有表明自己身份地位和向对方施加压力的功能。既然握手的作用如此之多,如何才能让我们在握手中立于不败之地呢?我想,一定要注意以下几个方面的问题:

首先,没有十足的把握,不要随便先伸手,如果对方没有默契或没有回应,你将会在第一轮的握手较量中败下阵来。为了避免尴尬或败局,可事先通过眼神或表情进行交流,得到对方的回应后再伸手。比如,你冲着对方微笑,对方回以微笑,你看了对方一眼,对方也与你对视,并充满善意,于是先伸手就会稳当许多,失败的概率也会小很多。

其次,当你选择了一种握手的方式后,同时还得准备另一种反败为胜的握手方式作为预备动作。假如,你准备以合作式的动作去握对方的手,结果却发现对方使用了单刀式握手,那么,你可以在握住对方手的瞬间将握手姿势转换为下压式握手;如果你准备以欢迎式的动作去握对方的手,对方使用了下挫式握手,那么,你可以在握住对方手的时候,瞬间将动作转换为抓腕式握手;如果你准备以抓腕式握手来握住对方的手,结果却遭遇了抓肘式握手,那么,你可以立即变换动作,以抓肩式的动作来握住对方;假如对方以僵化式的握手动作来应对你的恭敬式握手,你可以通过缩短握手时间来应对;如果对方一上来就直接用抓肩式握手,那么,你可以顺势拥抱,先化解尴尬的局面,然后在结束拥抱之后再运用抓肘式或抓腕式握手。总之,握手中的较量会一直存在,如果想在握手较量中占据优势，多一手准备可能显得非常重要。当然，作为一个普通人，可能在握手前不需要考虑这么多，但是当代表国家、代表党派、代表集体形象去参加各种社交活动时，多一套预备的握手动作会让你在握手中更加容易反败为胜、游刃有余。

最后，还需要指出的是，最有效的握手动作通常是一套握手的组合动作，究竟由哪几种握手动作来组合，要根据对方的"出招"情况来确定。只用一种握手方式来应对各种复杂的社交活动显然是不够的，极有可能会在握手较量中落败，而组合起来的握手动作则可以很好地避免这一尴尬情况的出现。在握手的实践中，最常使用的强势握手组合有三种类型：第一种是绵里藏针式，即将恭敬式、下压式、抓腕式组合起来使用，这种握手的组合并不特别强势，但却经常让对方防不胜防；第二种是势如破竹式，即将单刀式、下挫式、抓肘式组合起来，这种组合构成比较强势的握手风格，通常会给对方造成巨大的压力；第三种是绝地反击式，即以欢迎式、合作式、抓肩式组合起来使用，这种组合常常给对方造成一种假象，好像你处于劣势地位，但突然以最为强势的抓肩式来反击，常常让对方猝不及防。除了这三种组合以外，还有许多握手的组合动作。在实际的应用中，可以根据实际情况来自由组合，以应对各种社交中的握手较量，从而保证自己始终立于不败之地。

第8章

手臂变化折射心理秘密

人类的手臂灵活多变，其动作表现差异万千，每一种不同的动作都折射着人们内心的变化。观察这些变化，可以深入地洞察对方的内心世界。

——王 逸

对于任何一个人来说，身上都有两个部位是最为关键的，一个是头部，一个是心脏，主要原因是这两个部位与生命之间的关系最为密切。于是，人类在进化过程中，保护这两个部位的重要职能就自然而然地分配给身体最灵活的部位——手臂。手臂通常指肩膀以下、手腕以上的部分，由小臂和大臂组成。在远古时期，当人们碰到突然而至的危险时，会在第一时间逃跑或就近寻找有效的障碍物躲藏起来，而如果来不及逃跑和躲藏的时候，就本能地用手臂去保护头部和心脏部位，以防止生命受到威胁。这一本能的求生反应经过长期的进化和演变，已经形成了一种固定的模式，并被印刻在人类基因片段当中。每当外界出现意外的危险信号时，或者需要对外界刺激做出反应时，人们总会在无意中首先通过手臂动作传递丰富的信息。了解这些信息，对于洞察一个人的内心活动至关重要。

一、半折臂——犹豫不决

半折臂是一种比较常见的手臂动作，其动作特征是一只手臂的小臂向上折叠，并以手触摸下巴，而另一只手则被折叠的臂弯托住，如图8-1所示。半折臂通常会在人们需要发表意见和看法、做出判断与回答的时候出现，表示若有所思、犹豫不决或反复权衡的意思。

从半折臂的动作的整体来看，它属于一个典型的封闭型动作。因此，在这个动作产生时，人们对当前信息的第一反应应该

图8-1　半折臂

是否定的、拒绝的，但又考虑到某方面的因素，有所迟疑，难以做出明确的判断，正在拒绝与接受之间权衡利弊。如果你在价格谈判的过程当中，见到对方出现这样的手臂动作，就应该明白，谈判的价码快要接近对方的底线了；如果你是一名销售顾问，在你做完产品的介绍之后，你的客户做出半折臂的动作时，那可能表示，他已经动心了，此时正在犹豫要不要购买。这个时候，趁热打铁，做出适当的优惠或提出促销策略，便极有可能会成为"致命一击"，最终顺利地完成销售行为。如果你向朋友借钱，看到朋友做出这个动作，那他的第一反应可能并不想借，但却碍于某种原因，正在犹豫要不要最终借给你，当然，他也有可能正在评估你的偿还能力，遇到这种情况，我觉得，你可能另寻他人才是上策。

二、单抱臂——心存顾虑

单抱臂是半折臂变化而来的动作，即把原来折叠起来的手臂放下去，同时用另一只手从手肘处将其拉住，就成了单抱臂，如图8-2所示。无论被束缚住的是左手还是右手，其意义都是一样的，即表示自我约束、自我克制或自我安慰。从动作的整体形态上看这个动作虽然也是闭合的，但相比半折臂的动作而言，相对要开放一些，其第一反应虽然也是拒绝的，但拒绝的力度却要小很多。

图8-2 单抱臂

由于单抱臂可以看作是半折臂变化而来的动作，所以，如果在沟通中，当你看到对方出现这个动作时，那么，说明对方在经过思考和权衡之后，态度已经有所松动。假如你是一名销售顾问，在你介绍完产品之后，顾客手臂上的动作由之前的半折臂变换为单抱臂，那么，这说明你的营销已经取得了初步的成功，对方的态度已经开始有所松动，顾虑有所减少，继续努力，一定会取得成功的。

当然，在这里，我必须得指出的是，如果一个人在众人面前感到尴尬和紧张时，也可能会直接做出这样的动作。尤其是女性，当面对陌生的男性或感到压力时，单抱臂既是一个自我保护的动作，同时也是一个自我安慰的动作，此时的解释应视具体情况来定，不可盲目猜测。

三、双抱臂——完全拒绝

双抱臂是在生活中非常常见的手臂动作，它最大的特征是将两只手臂交叉缠绕起来放于胸前，表示警惕、拒绝、防御和自我保护，如图8-3所示。有时候，人在焦虑和恐惧的情绪状态下，也会做出这样的动作，这表示自我安慰。在社交场合，这样的动作，会让人有一种冷酷孤傲、无法接近和难以相处的感觉。

图8-3 双抱臂

甄言堂研究人员曾经对聆听心理健康讲座的企业员工进行了大量的观察和访谈，结果发现：当授课老师讲到精彩的地方，或发表的观点被大家认可时，听讲座的员工们的双臂多呈开放式，几乎看不到半折臂的动作,更看不到双抱臂的动作;而讲到枯燥的地方或发表比较偏激的观点时,员工中的许多人则会在不知不觉中做出半折臂或双抱臂的动作。进一步的调查表明,在聆听报告的过程中,经常出现双抱臂的员工对讲座进行评价时倾向于打较低的分数,有时还会质疑讲座内容的准确性,较多地使用负面的词语来评价课程,还有一些人会直接提出自己的不同看法;而此类评价在其他手臂动作开放的员工身上则没有发生。

由此看来,当人们无法接受某人提出的观点时,确实会出现双抱臂的手臂动作。那么,我在想,反过来,如果让人们事先做出双抱臂的动作,然后去聆听某种观点,这会不会导致人们做出较低的评价呢?甄言堂研究人员在一次380人参加的讲座中,选择了70个志愿者,将其随机平均分成两组,要求其中一组在聆听讲座时,保持正常开放的手臂动作和四肢动作,而另一组人则一直保持双抱臂的动作。听完讲座后,要求他们分别给该讲座打分,满分为10分。统计结果表明:双抱臂动作组的调查对象给出的平均分为7.91分,而保持正常开放的手臂动作和四肢动作的调查对象则打出了9.23分的平均分。分数的差异在一定程度上说明,双抱臂动作能反作用于人的认识和态度,从而导致其对他人做出较低的评价。

从这个意义上,老师在课堂上要求学生把手分别放到桌子两侧,做出一个开放式的动作,更加有利于广大学生接受老师所讲授的内容,同时还可以增加学生对老师的认可度。当然,我们也就不难理解,为什么许多销售活动或营销会场的主讲老师会向观众要掌声，表面上这种做法是为了活跃气氛，而实际上则想通过让大家鼓掌来改变一些观众的双抱臂动作，以此来间接影响观众的心理态度，增强观众对产品的认可程度，进而为后续的销售活动做好心理铺垫。

当然，双抱臂有时也有表达愤怒的意思，只不过，这种愤怒暂时处在个人的控制范围内，尚未失控，但如果继续以言语或行为激惹刺激，则愤怒有可能会直接转化为现实的攻击行为。因此，如果有人以双抱臂的姿态出现在你面前，千万不要低估了它所传递出的攻击意味，否则，可能会引来不必要的麻烦。2022年7月8日，日本前首相安倍晋三到奈良演讲。演讲开始后不久，突然一连听到两声枪响，安倍晋三中枪倒地，后抢救无效，不治身亡。开枪的凶手日本青年山上彻也当场被抓获。当全世界人民都在关注凶手的杀人动机以及安倍晋三的去世对日本政局的影响时，我仔细分析了网上新闻中的各种视频，结果发现：这件事情本来可以避免，因为山上彻也在动手开枪之前的双抱臂动作已经暴露出其具有一定的攻击性，但却没有引起任何安保人员的注意，就连在场的日本第一女保镖、安倍晋三的贴身护卫石田萌美也没有丝毫觉察，让人深感意外和遗憾。

四、交叉手——自我安慰

交叉手在生活中比较常见，其特征是两只手臂自然交叉下垂、合抱于小腹前，左手置于右手之上或右手置于左手之上，双目直视前方，表示认真、恭敬、克制和自我安慰，如图8-4所示。在社交场合，当人们在感到尴尬焦虑、手足无措时，常常会做出这样的动作，以缓解内心的焦虑感受。如果你在说话的时候，听你说话的人做出交叉手的动作，则表示对方在认真倾听，但却不一定认同你的观点，因

图8-4　交叉手

为，手臂上的闭合动作往往暗含着一些拒绝的意味；如果你在说话前，对方手臂上的动作是交叉手，但当你说话的时候，对方的肢体动作变成了双抱臂，那可能表示，对方根本就不接受你的观点；如果你在说话时，对方的肢体动作由交叉手逐渐变成自然打开状态，并时不时地配合着点头，这表示对方可能坦然地接受了你的观点。

　　前不久，在一次肢体语言讲座的间隙，有一个学员向我提问：影视作品中的肢体语言是不是具有分析的价值？显然，他是在质疑我课程中所分析的影视作品视频是否有学习价值。在我开口答问题前，他已经是双抱臂了。我看到这个动作，偷偷地笑了。这个问题我已经回答了至少几十遍，我有信心说服他，但我真正关心的是他是否真的会心悦诚服。于是，我耐心地向他解释

演员的训练过程、真假肢体语言的区别、影视作品的分析价值以及我选择影视作品及新闻素材的标准等一系列问题。在我解释的过程中，注意到他出现了交叉手的动作，当我解释完的时候，他满脸堆着笑，脸上的疑云早已消尽散绝了，并且出现了双吊臂的动作。我知道，我已经说服了他。

五、双吊臂——低头认错

双吊臂是由交叉手变换而来的。两条手臂自然下垂，略微低头，这就是标准的双吊臂的动作，表示态度端正、小心恭敬、认真倾听，并能够接受。做出这样动作的人，其内心常常是感到了内疚或惭愧，表示已经诚恳地认错，如图8-5所示。如果你是领导，你的下属在接

图8-5 双吊臂

受批评时，出现了双吊臂的肢体动作，这基本表明他可能已经认识到错误了，并为此而感到后悔和惭愧，批评到这个程度基本就可以停止了。有些领导为了能够让下属接受自己的批评，会刻意地要求下属在站立时保持身体正直、双臂下垂，这是有道理的，因为，这

个动作可以加快下属接受批评的速度,加深下属接受批评的程度。

假如你和同事就某一话题进行争辩,当你发现对方出现双吊臂,这基本说明,你可能已经说服了对方,虽然对方嘴上没有服软,但其内心已经示弱了。如果此时见好就收,就此打住,给对方留一点面子,则让人对你心悦诚服,感激你的做法;如果你没有观察到这个动作,没有领悟到这层意思,还继续咄咄逼人,穷追猛打,则可能会令人生厌,弄巧成拙。

六、双摊手——无可奈何

双摊手是将两手摊开,双肩微微向上耸起,手心向上,分别置于身体两侧,表示没有办法、无可奈何、无计可施的意思,如图8-6所示。面对困境,实在想不出应对策略的时候,人们常常会出现这个动作,似乎在说:"你看,我手中没有任何解决问题的

图8-6 双摊手

办法了。"

有一次，在意甲联赛AC米兰客场对阵都灵的比赛中，小罗主罚一个位置不错的定位球。皮球在即将飞入大门的时候，却被对方的守门员意外地扑了出去，于是他只能无奈地摊开双手，表示我已经尽力了，对方的守门员实在是太厉害了。同样的情况在篮球比赛的赛场上也经常上演。在NBA的赛场上，有一次，湖人对阵灰熊，比赛进行到中间的时候，科比接到队友一个漂亮的后场传球，一路突破三人防守。结果在最后起跳投篮时，由于被对方球员碰了一下胳膊，投篮没有命中。由于距离太远，裁判可能没有看清楚，所以并没有吹犯规，于是科比无奈地向队友摊开双手，意思是说"对方球员的小动作非常隐蔽，裁判没有看见，我也没办法呀"。

七、双推手——阻挡保护

双推手是将两手举起来抬高至胸前，双手一前一后，或一起向外推出，表示防备、保护和拒绝，如图8-7所示。当意外的威胁性刺激出现时，人们经常来不及认真思考，也不知如何来处理才会最恰当，于是就只好本能地举起双手，做出双推手的动作，以保护自己的安全。这个动作是经过成千上万年的进化才形成的，在人类的大脑中被深深地印刻着，不需要经过任何思考，只要遇到危险，这个保护机制就会自然被激活。

甄言堂研究人员曾经在一个大操场上做过一个实验，分别让

10个人都蒙上眼睛，在一个空旷的场地上摸索前进，慢慢靠近20米外的目标，然后悄悄安排实验人员在其必经之地突然制造声响，结果发现：所有的蒙眼人在听到响声时，都做出了双推手的动作来保护自己。

　　人之所以会如此反应，其根本原因在于，这

图8-7　双推手

个动作所处的位置，一来可以直接方便地保护到心脏，二来可以经过简单的移动就能保护到头部。心脏和头部这两个部位都是与人生命安危关系最为密切的部位。在遇到威胁或刺激的时候，不假思索就去保护这两个部位是人的本能反应，而以保护自己、拒绝威胁的双推手来防御可能是经过进化所形成的最为便捷的肢体动作。

八、双飞臂——完全接纳

　　双飞臂是将双臂张开，像飞鸟的翅膀一样，向两侧或向上方伸展，将身体前面的空间完全暴露给对方，表示信任、放松、释怀的意思，如图8-8所示。当一个人能在你面前做出这样的动作时，往往表示对方给予了你极大的信任。在现实中，我们经常看到的双飞臂的动作不一定都非常饱满，有时候双臂张开得不够充分，但只要张开双臂的动作出现，其意义就是一样的。还有些时候，这个动作会被合理化为一个伸懒腰的动作，即双手不是直接向左右伸张，而是略微向上伸开。

有一次，我的一个同事和我之间因为一点小误会，闹了别扭，好几天他都不太理我。我自知过些日子，真相便会浮出水面，于是就这样等着。我想他迟早会好的。一连好几天过去了，他看起来仍旧在生气。一周后的一个早上，我经过他办公室旁边时，突然发现他站在门口，见我过来，并未和以前一样立即回避，而是在我经过的时候，突然向上伸出双臂，做出一个伸懒腰的动作。看到这个动作，我心领神会，冲着他微微地笑了笑，说："你已经不生气了？"他惊讶地笑着说："你怎么知道我不生气

图 8-8　双飞臂

了?呵呵,其实我从来就没有生气。对了,听说对面新开了一家饺子馆,我们中午一起吃吧,你请客!"我欣然应允。

九、双插手——漠然视之

双插手就是将两只手伸到裤子口袋或上衣下口袋里,以约束和隐藏手部的动作,如图8-9所示。双插手在生活中比较常见。如果不是天冷或其他特殊原因,这个动作首先可能表示对眼前发生的事情漠不关心,任其发展,没有任何参与其中的意思。

图8-9 双插手

去年冬天,一个雪后初晴的下午,我刚从超市买完东西往回走,远远地看到一位老年人在一堆积雪前不小心滑倒了。正当我准备走过去的时候,突然看到离老人比较近的地方有四个小伙子恰好经过老人身边,其中两个人快步走过去扶起了老人,而另外的两个人则慢了几步,也跟着一起走过去了,但却在往前走的过程中,将双手插到裤子的口袋里。显然,后面这两个小伙子并不想管这件事,只是受前面人的影响而不得已、不情愿地走过去,其双插手的动作表明，他们内心是犹豫的，甚至并不想去扶起老人，因为，扶老人有可能会给他们招来不必要的麻烦。

另外，双插手还可能表示有难以示人的想法或企图。把双手插在口袋里，表面上只是隐藏了双手，但这动作实际上是象征性地隐藏了自己的企图。前些年，国内热播过一部美剧《越狱》，其中的男主人公斯科菲尔德刚一入狱，他的肢体动作中就有一个非常显著的特点：经常把双手插在口袋里。这个双插手的动作在起初一直不被大家理解，而随着剧情的发展，大家才慢慢地明白，这个动作是其想帮助遭陷害而入狱的哥哥越狱的肢体语言写照，编剧和导演的这个安排，看似随意，实则别有深意。

十、双背手——另有企图

双背手是将两只手交叉起来背到身体后面，完全隐藏手部的活动，如图8-10所示。这个动作最初是来源于中国古代押解犯人的动作，即将犯人两只手背到身后，然后用绳子绑起来，这样，犯人就会在整个押解的过程中无法做任何事情，也不用思考任何问题，而只能专心地行走，当然也就不会有任何有效的反抗动作。但是，许多犯人也恰恰是在这个动作中悄悄地、隐蔽地解开自己手上的绳子逃跑了。

于是双背手就有了双重意思：一是表示约束自己的行为。当觉得自己不需要亲自动手参与完成某事时，常常会将双手背到后面，以显示自己的权威地位。比如，生活中可以看到，一些领导在安排工作后或在检查工作时常常会做出这样的动作。二是表示另有企图,心怀诡计,在隐蔽的情况下,酝酿出乎意料的行为。将双手隐藏起来的动作能象征性地满足其内心隐藏整个行动的想法和目的。

去年,我一个朋友骑电瓶车来我家玩。车放在楼下,等他人下来的时候,发现车不见了。我们四处找过之后都没有发现踪迹,最后只好告诉学校保卫处。保卫处的值班同志调出监控,并在我们的反复要求下,勉强同意让我们一起查看视频。由于电瓶车放在楼道的隐蔽处,不在监控范围内,于是,我们只能对进进出出的人员进行排查、判断。我们发现,有一个头戴安全帽的男子骑着我朋友的车扬长而去。就在保卫处准备报警时,我突然想起来,刚才看视频的时候,有一个貌似收破烂的男子非常可疑,他在楼道前转了几分钟,双手时而背在背后,时而拿出来,然后又打电话。虽然他没有进楼道,但他挂断电话一分钟左右,那个头戴安全帽的男子便骑着车出来了。据此,我判断,这两个人是一伙的。那个骑车的男子虽然已经消失了,但收

图8-10 双背手

破烂的男子却每天都往院子里来。后来,保卫处报警了,并协同警察抓住了嫌疑人,找回了我朋友的电瓶车。

十一、双叉手——进攻与支撑

双叉手通常有两种:一种是前双叉手,另一种是后双叉手。前双叉手是将双手虎口朝上,叉于腰际,表示具有积极的进攻意识和进取精神,如图8-11所示。

生活中有三种场合经常会观察到这样的动作:一是两个人吵架的时候,常常会有前双叉手的动作,表明双方都正在或即将向对方发起攻击;二是运动员在比赛前会出现这样的动作,表示一定要努力拼搏,赛出优异的成绩;三是在被批评后,表示愤怒、不满和抗争时,常常会出现这样的动作。

8-11 前双叉手

后双叉手是将双手虎口朝下,拇指向前叉于腰际,表示内心感到压力非常大,具有一种乏力感和无助感,需要帮助和支持,如图8-12所示。同样是在两个人吵架的时候,假如其中一方双手的动作由前双叉手变成了后双叉手，则表明其内心已经开始乏力，可能需要支持和帮助，否则将败下阵来。

在运动比赛场上，运动员在比赛前会出现双手叉腰的动作，这个动作对运动员是否有信心赢得比赛有重要的预测作用。一般来说，在比赛前无意识中使用了前双叉手的运动员，通常对比赛充满信心，即使不能赢得比赛也会尽全力去拼搏；而在赛前出现后双叉手的运动员，则通常对赢得比赛信心不足，准备不充分，要么赛前临阵退场，要么赛后成绩很差。

8-12　后双叉手

十二、神奇的手臂触碰

当我们向陌生人提出一个请求，哪怕是一个小小的请求，如果能够得到对方的同意，也应该是一件让人很兴奋和很有面子的事情。但经常也会有人在提出要求时，被当场拒绝，从而感到失望扫兴，甚至心灰意冷。那么，有没有什么方法可以提高请求被答应的概率呢？答案是肯定的，心理学对这个问题早有研究，这个方法就是触碰。轻轻的手臂触碰能让我们得到意想不到的结果。

事实果真如此吗？先让我们来看一组国外心理学家的相关实验研究。

美国明尼苏达州立大学的研究者曾做过一项被称之为"电话亭测试"的有趣实验。在实验的第一阶段，实验人员将一枚一美元的硬币留在了电话亭里非常显眼的位置，当看到有人进去打电话时，一名研究者就会尾随着进去，并对在电话亭里正在打电话的人说："先生/女士，您好，您有没有看见我掉在电话亭里的硬币呢？我有点急事，可能还要再打一个电话，可是身上已经没有硬币了。"经过对多人进行测试后，最终只有约23%的人承认自己看见了硬币，并将它归还给实验人员。

当实验研究进入第二阶段时，实验人员仍然将一元钱的硬币放在电话亭的同一位置上，不同的是，实验人员这一次尾随实验目标进入电话亭的同时，先寻找机会巧妙地轻轻碰触他们的手肘，时间不超过3秒钟，然后再向他们提出同样的请求："先生/女士，您好，您有没有看见我掉在电话亭里的硬币呢？我有点急事，可能还要再打一个电话，可是身上已经没有硬币了。"经过大量的实验之后，这一次，承认看见了硬币的人的比例上升到了60%。在回答研究者所提出的问题时，这些人大都会略显尴尬地说一些"我刚才捡到硬币时，向四周看了看，可是没有发现有人，这才……实在不好意思，如果你需要，我这里还可以再提供一些硬币"之类的话。

为了验证这个实验的结果是否在跨文化条件下也同样适用，英国著名人际关系大师亚伦·皮斯和芭芭拉·皮斯在一档电视节目当中重复了这项试验，结果发现，同样的条件下，生活在不同文化当中的人们归还硬币的概率略有不同，而决定硬币归还概率的关键因素在于实验者所生活地区的人们日常接触频率的高低。例如，在发生了肘部接触的情况下，澳大利亚人、英国人、德国人、法国人以及意大利人归还硬币的概率分别是72%、70%、85%、50%以及22%。这一结果显示，在实验对象所生活的地区，人们日常接触频率越低，手肘接触所产生的效力就越大。

为了进一步验证在各种实验条件下，轻轻的触碰是否都非常有用，法国心理学家尼古拉斯·桂桂恩也做过一个实验。实验要求三名英俊的男性研究者分别在夜总会和大街上接近各种各样的女人，并向她们索要电话号码。经过几天的努力工作，三名男性一共接近了240位女性。在接近她们的时候，先恭维这些女人很漂亮，然后提议稍后找时间一起喝一杯咖啡，最后，向她们索要电话号码以便联系。结果表明：在夜总会里，在没有触碰对方上臂的情况下，女人愿意给电话号码的比例是43%，而在触碰对方上臂的情况下，这一比例升至65%；在大街上，没有被触碰上臂的女人愿意给电话号码的只有10%，而被触碰上臂的女人愿意给电话号码的则为20%。

由以上各国心理学家所做的实验可以看出，轻轻的手臂触碰确实能带来不小的收获,那么,这个实验结果是否在中国的文化中也同样适用、同样有效呢?甄言堂研究人员也做了一个实验:实验要求两男两女、形象气质俱佳的大学生实验员,在大街上随机请过路人填写一份只有十个选择题的关于手机使用情况的调查表。第一天,要求所有实验人员直接拦住路人,礼貌地说明意图后,请他们填写调查表;第二天,要求所有实验人员先拦住路人,然后轻轻地触碰对方的手臂,然后礼貌地说明意图,最后再请他们填写调查表。

统计结果表明:在第一天6个小时的实验中,共有192名路人被拦住,其中只有48人愿意填写调查表,成功率为25%;而第二天,共有182名路人被拦住,其中有82人填写了调查表,成功率约为45%。这说明轻轻地触碰陌生人的手臂,然后再提出一个小小的请求,的确可以提高成功的概率。

进一步的研究还发现:女性触碰男性比男性触碰男性和男性触碰女性更容易有较高的成功概率;触碰手臂肘部、小臂和上臂时所产生的正面效果没有显著的差异,而触碰肩膀、手腕和手则容易引起人们的反感;碰触的时间控制在3秒钟以内效果最好,如果超过5秒,可能会引起警觉而无法获得我们所预期的积极效果,甚至还会产生不良的负面效应;触碰在熟悉的人中同样会产生神奇的效果,甚至比陌生人的效果还要好。

那么,究竟是什么原因使一个短暂而轻微的触碰产生如此神奇的魔力呢?综合国内外的研究成果,其原因主要存在于两个方面：其一，触碰手臂在任何情况下，都始终属于亲密距离范围之内的行为，能进入这个空间范围内而没有被立即驱离，即使没有肢体上的接触，也会给被触碰者一个彼此心理相容的暗示，在此基础上，提出一个小小的要求自然也会更容易达成；其二，在大多数情况下，人们都不会轻易地与陌生人发生肢体接触，假如陌生的触碰者非常礼貌、非常客气，那么，也很有可能会留下一个较为深刻的第一印象，在此基础上，答应对方一个并不过分的小要求就成了顺理成章的事情了。

读到这里，我想，大家可能已经明白了，轻轻触碰上臂虽然是一件小事情，但其作用真的不可低估。恰当地运用触碰上臂可能会给我们的生活带来意想不到的便利。许多在社交场合如鱼得水的成功白领常常深谙此道：她们每每要接触重要的陌生客人时，为了在瞬间拉近与对方的距离，以便提出进一步的要求，会有意识地突然走进对方亲密距离之内，巧妙地制造一个轻轻接触对方手臂的机会，然后再开始说话，这样一来，她们就会在不知不觉中，比其他人多一份成功的机会。

十三、温暖的拥抱

据考证，大约在两百万年以前，地球历史刚刚进入第四纪冰川形成的时代，地球上很多地区都覆盖着厚厚的冰层，地球的整体气温非常低，为了在艰苦的环境中能够生存下来，刚刚由类人猿进化而来的人类常常像其他动物一样紧紧地抱在一起取暖。如此一来，人类不仅顺利地度过了寒冷的冰川时代，而且相互之间的关系也更加亲密了。这是人类拥抱动作的起源。

随着社会的发展和人类的进步，拥抱逐渐由最初的取暖演变成了一种社交礼仪，在欧美等西方国家和地区流行起来。在日常生活中和一些正式的社交场合，人们常常以拥抱作为基本的见面礼节。行拥抱礼时，通常是两人相对而立，各自右臂偏上，左臂偏下，右手环抚于对方的左后肩，左手环抚于对方的右后腰，彼此将胸部各向左倾而紧紧相抱，并头部相贴，然后再向右倾而相抱，接着再做一次左倾相抱，每次拥抱的时间以不超过3秒钟为宜，松紧程度要以舒适为宜。由于拥抱的动作突破了亲密距离，因此，能以拥抱礼仪来接待对方，表示对对方有足够的信任感和亲密感。

行为心理学的研究表明：拥抱非常有利于人的心理健康。那些经常拥抱的人心理素质要比缺乏拥抱的人好很多。拥抱不仅能简单又明确地表达人与人之间最真诚的关爱和真挚的关心，还能帮助人消除沮丧、解除疲劳、增强勇气、注入活力。因此，人人都需要拥抱，尤其是孩子。

20世纪70年代，英国的一个小镇上有一家孤儿院，有一段时间，那里的孩子得了一种奇怪的病，他们年龄只有七八岁，但却一个个目光呆滞、食欲不振，没有兴趣到游艺室玩，也不愿意学习，更不愿意同其他人交流，偶尔还发出长长的叹息声，即使院长请来镇上最有名的医生也没有办法医治。后来，英国著名的教育家斯宾塞先生来到这里，他从镇上的学校请来一些十几岁的小女孩和这些孩子们一起玩耍，她们大声地笑、闹，把那些孤儿抱起来，亲吻、拥抱，每天坚持半个多小时。不久，奇迹发生了，整个孤儿院开始生机勃勃，孩子们慢慢地活跃起来了，他们的眼睛发亮，胃口很好，生活很有活力，身体也明显地好转起来，又开始喜欢学习和做游戏了。

其实，不仅仅孩子是这个样子，每一个人都对拥抱有本能的需要。心理学家研究表明：一个孩子从出生开始，每天至少需要4次拥抱，才能存活下来；8次拥抱才能维持正常的活动；16次拥抱才能成长起来。

为什么拥抱有如此神奇的作用呢？要想把这个问题说清楚，必须得从孩子出生前的经历说起。婴儿在出生前，一直在母亲的子宫中生活。子宫对孩子来说，是最能感受到安全的地方。婴儿出生后，母亲会用高频的、温暖的怀抱来模拟子宫环境，让刚刚脱离子宫环境的婴儿获得子宫般的安全感。如果这个阶段孩子享受了足够的温暖怀抱，那么，这个孩子将来长大就会更容易产生安全感，因为按照行为主义心理学的观点，记忆和经验不仅仅会被存储在大脑当中，而且还会被深深地存储在肌肉和骨骼当中，每当拥抱的时候，早年的拥抱记忆就会被激活，安全感就会由此而产生。相反，假如这个阶段的孩子没有获得任何的拥抱，那么，孩子有可能就无法活下来，因为孩子无法感受到任何安全感，内心找不到存活下来的心理证据和肢体承诺。

当婴儿长大之后，如果经常和亲人能有一个拥抱的动作，那么，安全感就会不断地反复地被感受到，人的内心也会因此而安静下来。即使到了成人阶段，拥抱也显得非常必要，只不过，小时候是与父母拥抱，而成人之后是与爱人拥抱。虽然拥抱的对象变了，但所获得的安全感没有变，甚至和同事或朋友进行礼仪性的拥抱，也能从中体验到一种安全感。

以此来推论，当人们步入老年的时候，如果能经常拥抱亲人或被亲人拥抱，那么，将会大大地增强其活下来的勇气和信心，换句话说，对于老人，拥抱具有延年益寿的功效。因此，我们经常可以看到，当一个人内心非常虚弱或伤心时，一个深深的拥抱便能让其产生存活下去的动力和坚强起来的力量；许多团体工作坊中，为了能够融洽成员之间的关系，团体导师常常会在"破冰"环节安排一个拥抱环节来消除成员之间的陌生感，增强成员之间的安全感，从而让团体成员快速地增强信任，进而找到表达的勇气和信心。

十四、距离是人际关系的标尺

在自然界，无论是哪一种动物，都会以一种特殊的方式来标识自己的领地，以确定自己的势力范围，同时，也以此来区分自己与其他动物之间的关系。比如狮子的势力范围大约为方圆50公里，凡是陌生狮子或其他动物未经允许进入这个范围，都会被视为侵略行为。动物如此，人亦如此。

为了搞清楚人在划分空间势力范围时具体的标准是什么，在20世纪60年代，空间关系学创始人、美国人类学家爱德华·霍尔对人的空间距离进行了大量的测量，最终将人的空间距离分成四种类型：0—45厘米的范围为亲密距离，父母、配偶、子女、密友可以随意进入这个区域相互触碰而不会引起反感和敌对；45—120厘米的范围内为个人距离，朋友、同事和熟悉的人出现在这个区域内，通常不会引起防御和警惕；120—360厘米的范围为社交距离，在这个距离范围内，我们常常会和一些不熟悉的人打交道，如送快递的小伙子、问路的陌生人等等；360厘米以上为公共距离，如果有人在距离你360厘米以上的范围内活动，通常不会引起你的警觉，甚至你不会注意到他的存在。

霍尔的空间距离测试结论在很长的一段时间里指导影响着人们的生活实践。社交场合，未经人引见，一般人不会随便冒失地闯入别人的社交距离以内；恋爱中的男女青年，如果经常上街时都保持120厘米以上的距离，往往预示着双方关系进展并不顺利；一个女员工如果经常可以随意地闯入男上司的私密空间以内，则可能表示，他们之间的关系比较暧昧。空间距离实验的结论在不同文化环境下、在不同的生活场合中均普遍适用，可以用来分析和测量两人之间的关系亲疏。但是在公交车上、电影院里、电梯间内等特殊场合，这个结论可能就不那么适用了，需要具体情况具体分析。

虽然霍尔的空间距离的研究结果具有一定的普遍性，但却没有对不同性别之间空间距离的差异性进行研究。为了弄清不同性别两个人之间空间距离是否存在差异，甄言堂研究人员曾经反复做过一个实验：让一个人从正面接近另一个人（两人不认识），当被接近的人内心感觉不舒适并且想要离开时，对两人之间的距离进行测量，这个距离就被定义为一个人能够容忍另一个人侵入空间的临界距离。实验分为四个部分。第一部分，让一名男性实验者靠近一名陌生的女性，直到这名女性感到不适而想要离开这名男性时，此时两人的平均临界距离约为1.35米；第二部分，让一名男性实验者靠近另一名陌生的男性，直到这名男性感到不适而想要离开时，此时两人的平均临界距离约为1.14米；第三部分，让一名女性实验者靠近另一名陌生的女性，直到对方感到不适想要离开时，此时两人的平均临界距离约为1.05米；第四部分，当让一名女性实验者靠近一名陌生的男性，直到对方感到不适想要离开时，两个人之间的平均临界距离约为0.88米。

这个实验的样本量均不大，约为20人，但足以说明：女性容忍空间距离被异性入侵的程度明显比男性要弱一些，而男性容忍空间距离被同性入侵的程度比女性要弱一些。

进一步的实验还发现：当空间被入侵时，人们还常常会通过肢体语言设置障碍，以保护自己空间的安全，比如举手阻挡、用手推开等。

美国精神科医生琴扎尔曾做过一个关于空间安全距离的实验：他分别对8名杀人犯和8名普通囚犯进行了个人空间距离测

试。测试过程中，试验者向囚犯所在方向靠近，直到被对方阻止，试验者此时所在位置就是囚犯个人空间的边界。实验结果表明，杀人犯的个人空间面积平均为2.72平方米，其他囚犯仅为0.65平方米。显而易见，杀人犯所需要的个人空间是普通囚犯的4倍多，因此他们更容易因为别人的入侵而被激怒。

其实，无论是普通人，还是囚犯，其内心都有一个无形的安全空间，当有陌生人侵入时，他们都会在肢体动作上做出有效的回应。这种肢体反应主要体现在手臂上，其目的是阻止对方进一步侵入，威胁到自己的心理安全。这种反应，我们将其称为设置障碍行为，或者叫屏障效应。屏障效应是动物和人类都有的一种本能行为。在面临威胁或内心感到恐惧时，人与动物都会有设置障碍的动作表现。兔子被老鹰擒获前的瞬间会转身面向天敌，伸

图8-13 搏击中的设置障碍动作

出自己的四肢来阻止老鹰的爪子；小猫在面对小蜥蜴突然的佯攻时，会立即伸出前爪去阻挡。

人也是这样，在其安全受到威胁时，总会设置障碍来求得片刻的安全感。比如说，在自由搏击中，如8-13所示，拳手总是将两只手置于身体前面，一方面是为了随时做好攻击准备，而另一方面则是随时设置障碍，做好防御准备。只有使用这样的动作，才能让其内心增加更多的安全感。有时候，对方并没有进攻的意思，但拳手自己为了消除恐惧，也会在无意识中做出设置障碍的动作，其意义在于可获得片刻的安全感。

第9章
心随"腿"动

人体中越是远离大脑的部位,
其可信程度越大。
——[英]德斯蒙德·莫里斯

人身体上从脚踝到大腿根部这一段肢体被称之为腿，腿可以区分为大腿和小腿。说到腿，一定离不开脚，因为，我们日常生活中常把腿和脚放到一起来说，脚是指人身体最下部接触地面的部分，是人体重要的负重器官和运动器官。腿和脚对于人的重要性，就如同胳膊和手对人的重要性一样，不可或缺，极其重要。在肢体语言分析中，腿和脚上的动作经常会被放到一起来分析，在本章中，我们可以把加双引号的"腿"理解为腿和脚的两部分的总和。在平常的沟通和交流中，人们的视线更多的是停留在对方的上半身，而对方下半身的动作，尤其是腿和脚上的动作，常常被忽略。但实际上，腿和脚的动作最为真实，最具有分析价值。

一、认识忠实可靠的"腿"

"腿"是人实现身体移动的主要器官。借助腿和脚，我们可以行走、奔跑、转弯、停止、攀爬、跳跃或蹲下，可以载着身体到达任何我们能去的地方。腿和脚虽是不同的身体部位，但其在结构上紧密相连，在行动上高度一致，腿的运动会带动脚的运动,脚的运动依靠腿的支撑,腿和脚总是一起默契协同、联合运动、表情达意。实践表明:在人身体各部分的肢体动作中,腿和脚上的动作最为真实,也最值得关注。那么,为什么腿脚上的动作会如此重要呢?究其原因,主要有三个方面:

首先,人类的大脑经过自然界上百万年的进化,已经成为世界上最精密最复杂的"仪器",是人身体所有器官活动的最高指挥中枢。全身任何一个动作都必须经过大脑发出指令方能执行,而且距离大脑越近的地方,指挥越方便,接收指令越快,反应越灵敏。比如,面部距离大脑比较近,因此,人面部表情传递的信息就显得非常丰富;手离大脑的位置比脚离大脑位置近很多,所以大脑发出的指令经由神经系统传递到腿和脚所经历的时间也相对比较长,在传递过程中所损耗的神经能量也比较多,因此,手上的动作要比脚上的动作更加细致、更加灵活,而腿和脚对大脑发出的指令反应要相对迟钝一些,受大脑支配的程度也要弱一些。从这个意义上讲,腿和脚上的动作更能反映一个人大脑中原始的、真实的、本能的动机和想法。

其次,几百万年前,当人类刚刚学会直立行走但还没有形成语言的时候,上肢,即手和手臂,首先被解放出来,优先得到了进化,并主要担负着沟通、捕食、打斗、劳动等比较高级的生存任务,而下肢,即腿和脚,则一直没有被完全解放出来,一直担负着行走、奔跑、跳跃、攀爬等比较低级而又古老的生存任务。当危险突然来临的时候,在非常短暂的瞬间,人的头部会率先远离危险并带动躯干后倾，紧接着手会伸出来保护头部的安全，直到最后，腿和脚才会带着身体逃离，从根本上保证人安全地脱离危险。人身体对自然界的这种危险刺激的反应，在人类的进化过程中持续反复地上演，已经成为一种稳定的反应模式，完全固化在人类的基因里，并由大脑边缘系统专门负责掌管，无须后天的学习和训练，便会一代接一代地遗传下来。现代人对危险的反应模式并没有因为时间的推移而发生本质性的改变，腿和脚上的动作一定会如实地对外界刺激做出反应，而不会有任何欺骗，因此，通过观察腿和脚部动作，更能客观而真实地洞察一个人内心的感受和想法。

最后，人们在日常沟通交流中，用眼睛观察对方的面部和上肢的动作比较方便，但要观察对方腿和脚上的动作并不方便。长此以往，腿和脚上的动作便会因为缺少关注、缺少训练而更具原始性和真实性，面部的表情和上肢动作则更具社会性和意识性。除此之外，人的面部表情和上肢动作还在不断地被社会文化和传统习惯持续规范，比如，父母从小就告诉我们："家里来客人了，要笑脸相迎""见到老师、长辈要面带微笑""给长辈递茶水的时候，要双手奉上"等等。我们的面部表情和上肢动作从小就被不断地训练和教化，而腿和脚上的动作却常常被忽略，从来没人告诉我们说，家里过会儿要来客人了，你的腿和脚要高兴点，或者腿和脚该怎么放置。因此，腿和脚上保留着更多进化的残留特征，而这些也恰恰有利于我们从腿脚获取原始、真实、可靠的信息。

二、自在腿——舒适自然

虽然腿和脚上的动作较多，变化无穷，但是出现频率最高的还要算在正常自然状态下的动作了。人在自然状态下，腿和脚上的动作并不是整齐划一的，而是男女有别、长幼有别、主客有别，在不同环境和条件下也略有差别，

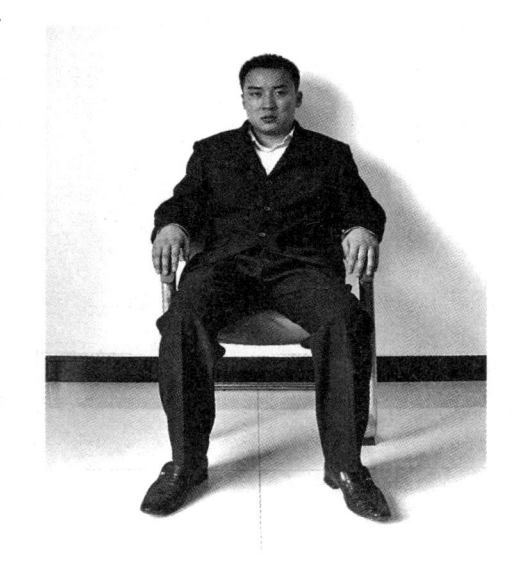

图9-1 自在腿

我们暂且将其统称为自在腿。无论人们腿和脚上的常态动作差别有多大，其所表达的意义是基本相同的，即表示当事人正处在一种舒适、安逸和自在的状态下。

正常情况下，自在腿的动作没有固定的模式，但其基本特点是一致的，即整体看起来动作自然、相对开放、友好大方，与环境适应协调，不突兀、不违和，如图9-1所示。通常，人在内心比较平静、情绪比较稳定、所处环境比较舒适时，腿和脚上的动作多为自在腿。换句话说，一个陌生人在新环境中待得自在不自在，看看腿脚的姿势，基本上就清楚了。

三、秋千腿——
心情愉快

秋千腿就是坐在椅子上的时候，小腿连带双脚悬在空中，不停地摇来摇去，就像打秋千一样，如图9-2所示。秋千腿有两大特征最值得关注：一是双脚离开地面，二是双脚来回摆动。两只脚主动离地，表示内心有足够的

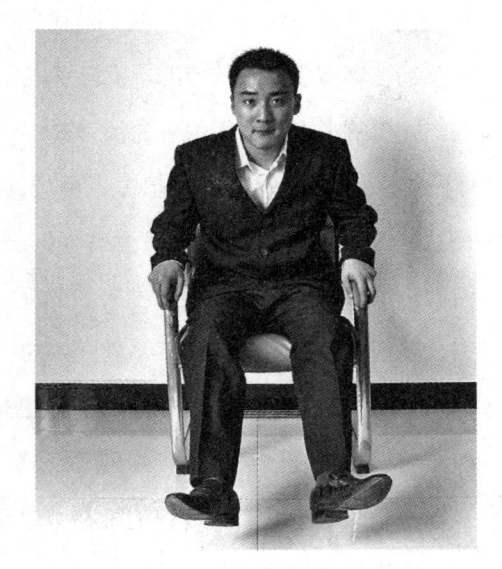

图9-2 秋千腿

安全感，能和现实环境融为一体；双脚来回摆动，表示内心没有约束感，在当前环境中可以随心所欲、无忧无虑。

在《西游记》第一回"灵根孕育源流出，心性修持大道生"中，吴承恩描写众猴在水帘洞里无忧无虑的快乐场面时，其中就提到了小猴子坐在椅子上晃着脚像打秋千一样的生动场面。我们每个人小时候都有过打秋千的经历，都知道小孩子在打秋千的时候，一般都会非常高兴、快乐无比，腿脚会在秋千板下面晃来晃去，以此来表达自己愉快的心情。

儿时的这种快乐体验，在成年人身上同样残留着肢体动作的

痕迹。假如一对恋人坐在凳子上聊天，我们从远处看到女孩子的腿突然变成秋千腿，由此，我们便可以猜测，男孩子此刻一定表现不错，赢得了女孩的芳心。女孩子的秋千腿仿佛在说："我和你在一起真的很高兴！很快乐！很幸福！"

有一次，我和爱人一起去逛商场，准备给她买件衣服。可是，几个小时过去了，仍然没有找到一件合适的衣服，我有点没有耐心了。爱人显然是看出来我的反应，于是就显得非常不高兴。我提议先去吃饭，她不愿意。我说："那就回家去吧。"她说："你自己回去。我不想回。"显然，她生气得很厉害。就这样，走着走着，我们走出了商场，来到了公园，只见她坐在一张长条椅上，一个人喝着饮料，我只能站在旁边看。没过几分钟，我就发现，她不自觉地荡起了秋千腿。我突然明白了，现在她肯定已经不生气了，于是就上前，怯生生地说了一声："气生完了，该吃饭了，中午想吃点什么？"她说："好吧，去吃饭，去哪儿你来定！吃什么我说了算。"我欣然应允，突然觉得轻松了许多。

四、交叉腿——不能接受

交叉腿的标准姿势是将两条小腿紧锁在一起，脚脖子形成一个叉，从而对脚和腿部的动作进行约束与控制，表示当前内心处于紧张、焦虑和防御的状态，对当前的意见和看法尚不能做到完全接纳，如图9-3所示。由于腿脚上的交叉动作不利于站立和起跑，因此，交叉腿的动作表示其主观上愿意停留、接受但内心却有阻抗和防御，整个身体显示出一种矛盾的半开放状态；假如手臂上的动作也完全闭合，则出现完全的身体封闭姿态，这可能表示当事人内心完全处于防御状态，拒绝与外界更深的接触。

如果你是一个销售顾问，当你向顾客耐心地介绍完产品后，顾客却表现出了全封闭的状态，即双腿交叉、双臂交叉或紧紧地抱起来，这可能表明顾客对该产品完全没有兴趣，你所说的，他也只是听听而已。假如你介绍完产品后，顾客双腿和手臂都完全打开了，则可能表示，顾客对你的介绍非常接受，并且有购买产品的初步打算了。假如顾客起初是完全封闭的状态，当你介绍完产品之后，手臂上的封闭动作打开了，而腿上的动作没有打开，则表示顾客可能主观上并不愿意购买产品，但你的介绍非常精彩，他可能已经对这个产品产生兴趣了，并且愿意留下来继续了解这个产品，如果继续推销，顾客有可能购买这个产品。如果顾客手臂上动作没有打开，但双腿上的封闭动作已经打开了，则可能表示顾客真的有购买产品的想法，只是对你

图9-3 交叉腿

还不够放心，此时，你努力的方向不是通过产品来征服顾客，而是通过向对方介绍自己的情况，以取得顾客更进一步的信任，从而将产品推销出去。假如你说完之后，顾客和以前一样，双手抱紧，双腿紧锁，丝毫没有变化，甚至抱得更紧，锁得更牢了，那么，接下来最好的办法就是重新找一个顾客去推销，因为，顾客的这个动作表示对产品和你的完全防御和拒绝，再推销下去，也只能是白费力气。

五、二郎腿——充满攻击

关于二郎腿，我觉得还是要从禹步说起。传说古代蜀中有一恶人，名叫孽龙。由于二的古音读nì，与孽（niè）近，龙的古音读lóng，与郎（láng）近，于是，孽龙即为二郎。孽龙经常无端制造水害，后被夏禹收服，并协助夏禹治水有功，享祀为神。后来，这个故事被儒家改造成有教育意义的人伦故事，孽龙就此变成了二郎，并被归到郡守李冰名下做了次子。据传当年大禹治水，费尽心力，十年不回家，三过家门而不入，后因不慎患上偏枯之病（偏瘫），一腿僵死，成了跛子，走路时，只能一脚跳行，一脚跷起，人们亲切地将其称之为禹步。战国秦昭王时期李冰为了纪念大禹，便把都江堰的二郎神像也塑成坐姿，右腿架在左腿之上，模仿禹步。直到20世纪80年代后，二郎神的坐像改塑为立像，神秘之感也随之丧失殆尽。但是，为了纪念二郎神，人们在生活中经常会做出模仿二郎腿这个坐姿，以企求像二郎一样勇敢和无畏。

时间久远，人们现在坐下来的时候，很容易就可以做出二郎腿的动作，但已经与纪念二郎神没有关系了。

在我们现在的生活中，二郎腿的标准姿势，是指一条腿搭在另一条腿上，一般是右腿搭在左腿上，脚面向下，脚尖向前并略

图9-4 二郎腿

向上，表示警惕、戒备、矜持，充满了不尊重和攻击性，如图9-4所示。二郎腿有时也可以看作是一种纯粹的辅助性动作，其意义要看其出现的原因、场合与背景，比如说，人们在听课时长时间保持同一个坐势或在比较寒冷的天气里，为了保持舒适、温暖也会本能地采用这个坐姿，此时的意义却是中性的，不可盲目解释。

如果从精神分析心理学的视角来分析，二郎腿的坐姿，让他人难以从正面接近，并且脚尖突出，指向他人，具有极强的敌对倾向和攻击意味，因此，二郎腿是一种并不友好的坐姿。如果你和自己特别尊重的人在一起谈话，切不可跷起二郎腿，否则，你无论说自己有多么尊重对方，他可能也不会相信；如果你正跷着

二郎腿坐在椅子上，突然发现领导朝着你走过来，这时，人们都会赶紧把腿放下来，以表示尊重；假如你是某企业的销售代表，当你向顾客推销产品时，突然发现顾客改变坐姿，双臂抱于胸前、跷着二郎腿，那么，推销可以到此结束了，接下来你需要做的就是深刻地反思一下为什么顾客会对你充满攻击性。

最后，需要稍稍提醒一下，女性跷二郎腿的人一般比较少，偶尔也会有一小部分女性喜欢在公共场合跷起二郎腿，但其意义与男性略有不同，需要综合考虑时间、场合、着装等多方因素的影响，不可随便下结论。

六、"4"字腿——敌意满满

"4"字腿的标准姿势是：在正常坐姿的基础上，将一只脚的脚踝放置在另一条腿的膝盖上，两条腿形成"4"字形。这是传统意义上的"4"字腿，也叫半封闭的"4"字腿，还有一种"4"字腿叫全封闭的"4"字腿。半封闭的"4"字腿只有腿部和脚上的动作，如图9-5所示；全封闭的"4"字腿是在半封闭"4"字腿的基础上，双手紧紧地拉住腿，形成一个全封闭的动作，如图9-6所示。

"4"字腿虽然是坐姿动作，但是它却起源于一种游戏——"斗鸡"。20世纪七八十年代，在我国流行着一种非常有趣的游戏，玩法很简单：小伙子们将一条大腿抬起，向内转90度，对侧的手托着抬起的脚，另一只脚跳着去撞击对方。游戏的终极目的是要撞倒对方或让对方手脚分离，北方地区将其称为"斗鸡"，而东北地区及南方大部分地区则将其称为"撞拐"，动作如图9-7所示。那么，这个动作究竟代表什么意思呢？

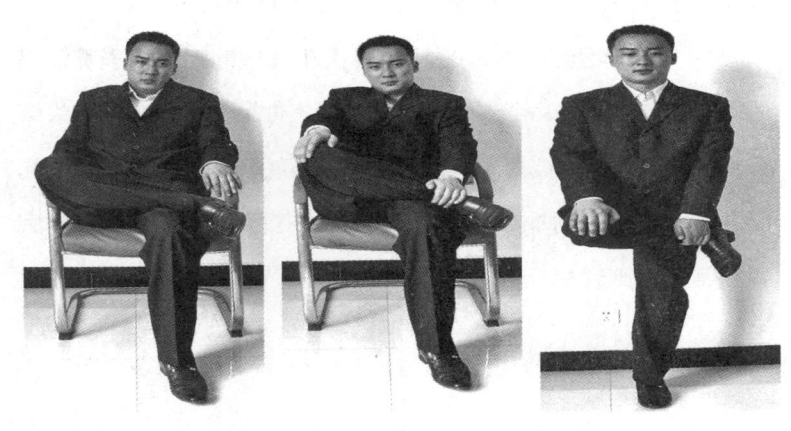

图9-5　"4"字腿　　图9-6　全封闭式"4"字腿　　图9-7　"斗鸡"

相传秦始皇统一中国后，禁止民间私藏兵器，因此，徒手相搏的各种新兴游戏逐渐兴盛起来。对于青少年来讲，"斗鸡"这种既能锻炼身体，又很有趣味的游戏，很快在民间流行起来。这个游戏动作简单，攻中有防、防中有攻，对培养青少年争强好胜、机智勇敢的尚武精神非常有帮助。因此，"4"字腿充满了攻击性，只是人在坐着的时候，攻击性被暂时隐藏或压抑了。

在美国、加拿大、俄罗斯、英国、法国、日本、马耳他等国家，男性常常会摆出这样的坐姿，以显示自己的自信和支配地位，同时也能显得放松和优越，而在中国、新加坡、马来西亚及其他华人聚集的地区,"4"字腿被视为一种不礼貌的坐姿,其所表达的意思与脚尖朝向及手臂动作有关:若双臂紧抱,脚尖朝向某人,表示对某人有敌意、不友好;若双手放置在"4"字腿的脚踝和膝盖处,则表示警惕、思考、犹豫、谨慎。

在"4"字腿的肢体动作中,脚尖和脚底的朝向代表着愤怒情绪的指向。如果几个人坐在一起说话,你突然将跷起的脚尖或脚底朝向某人,将被视为一种对其非常不礼貌的行为,是社交礼仪中的大忌。因为脚尖朝向某人会让人联想到踢的动作,而脚底朝向某人,则容易让人联想到踏的动作,两者均带有极强的攻击性。

七、胆怯腿——有点害怕

从前面的论述中,大家应该能理解,腿和脚上的动作最能反应人内心的感受:当一个人喜欢另一个人的时候,腿脚就会载着身体主动地靠近对方;而害怕一个人的时候,则会自动地远离对方。胆怯腿就是用来表达一个人内心感到害怕时的腿脚动作,其标准姿势是:在两条腿并拢的基础上,同时向后收缩或一条腿向后收缩,如图9-8所示。这个动作判断起来比较复杂,它取决于这个动作发生的时机。如果胆怯腿的动作在说话之前就出现了,可能是出于维持身体平衡和缓解内心焦虑情绪的需要;但如果这个动作是在谈话中间出现,尤其是当倾听者听到某一重要内容、某一个特殊人物、某一个具体情景时,随即做出将腿脚回缩的动作，那么，这可能表示倾听者对谈话不感兴趣，也可能是倾听者从听到的信息中感受到了恐惧，想急于结束谈话并逃离谈话场景；当然，也有可能是倾听者不太愿意过多地卷入这场谈话，只想做一个安静的旁观者。究竟如何判断，还是要结合具体情况来确定。

图9-8 胆怯腿

在机场里和列车上，有经验的缉毒警察对人群里腿脚做出收缩反应和抖动动作的人特别敏感，因为警察知道，真正的藏毒者，看到警察时会在无意识中产生恐惧，恐惧情绪会促使其做出腿部收缩的动作。腿部收缩的动作是胆怯的反应，同时也是逃跑反应的象征性表达。除此之外，推销员对胆怯腿也很在意，有经验的推销员在介绍完产品之后，如果看到顾客出现了胆怯腿的肢体动作，应该立即明白，顾客可能对你所推销的产品不感兴趣、担心价格太高、害怕产品质量不合格而上当受骗，你应换一个话题来从侧面打消顾客的顾虑。

八、转向腿——先走一步

脚距离大脑最远,受大脑直接控制最为薄弱,残留原始痕迹最多,其动作的真实性也最高。转向腿是指在直立的状况下,整个腿带动脚突然发生转向,这表示对方想要离开当前的情境,无意留下来继续交流,如图9-9所示。

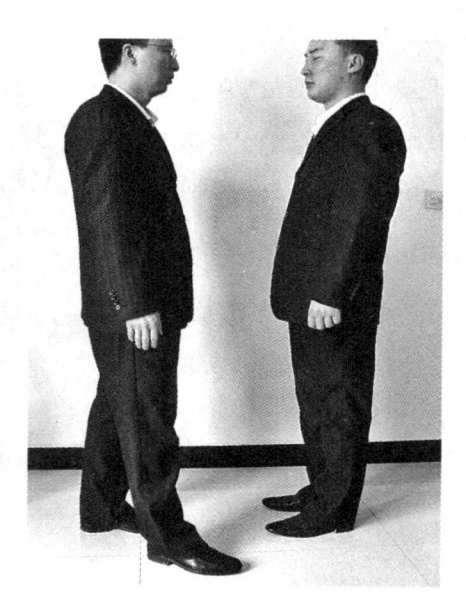

图9-9 转向腿

关于对转向腿的动作意义解释,不仅要考虑腿脚与躯干之间的关系,还应考虑身体的姿态是立姿还是坐姿。相比较而言,站立姿态下的转向腿比坐姿要准确一些。当两个人站立聊天的时候,其中一个人的脚尖突然向外移开,可能表示此人大脑当中已经产生了想走的念头,而不想继续当前的谈话;假如在脚已转向的同时,身体躯干也有扭动的动作,则表示要走的意图越来越强烈,谈话可能很难坚持下去;而如果对方已经出现了脚抬起来又放下的类似于原地踏步的动作,则表示想走的意图特别强烈,谈话应该立即终止。因为,脚尖转动、扭动身体、原地踏步,这三个动作象征性地模拟了一个人走路的全部动作,而当这些动作全部出现或部分出现时,可以认为其所表示的意思就是想要走开,只是程度不同而已。

假如你是一个销售顾问,你的顾客频频出现转向腿的动作,而你还自顾自地向顾客介绍产品,那么,你只会给顾客留下一个"缺乏沟通经验且喋喋不休"的印象,顾客绝不会因为你的专注讲解而喜欢上你的产品;假如你是警察,正在盘问一个涉案嫌疑人,突然发现此人出现脚尖转向、身体扭动和原地踏步的动作,那么,此人可能有重大嫌疑,而且有逃跑的可能,应该提高警惕,提防意外发生。

九、冻结腿——心生恐惧

冻结腿,简单地说,就是腿部的冻结反应,其动作特征是:正常运动的腿部动作突然停止,整个身体重心下移,双脚脚尖错开、一前一后且同时着地,脚后跟略微抬高,做好逃跑的准备,如图9-10所示。冻结腿的出现反映了当事人身体的警觉和内心的恐惧,是人的身体被迫进入防御和逃跑状态的肢体语言标志。

冻结反应是人类在漫长进化历程中发展出来的一种重要的生存策略。当突然而至的威胁出现的时候,在状况尚不明晰的情况下,急于行动往往更具风险,更容易失去生存的机会,而首先停止活动、屏住呼吸、保持静止,弄清情况后再行动——或是逃跑,或是战斗,或是投降,这一套生存规则是弱者的求生法则,早早就固化在人类大脑的边缘系统中，成为最有效的生存策略之一。这一点无论是对动物还是人都非常适用。

生活中，人们腿部的冻结反应随处可见。比如在过马路的时候，你突然看到一辆汽车疯狂地驶过来，在汽车面前，人是弱者，你的第

图9-10　冻结腿

一反应可能是双腿僵住，无法移动，血液迅速回流至腿部，判明情况后才会采取行动——或是指着司机拍着汽车大骂，或是略微停顿后迅速躲开，或是身体突然僵住了，瘫坐在地上。

总之，腿部的冻结反应最能直接反应当事人与刺激之间的关系，以及对刺激的态度和应对策略。假如你是一名警察，坐在你对面的犯罪嫌疑人在听到你突然提出的某个问题时，出现了腿部的冻结反应，这可能证明你的提问方向击中了嫌疑人的软肋。据此，你可以进一步明确提问方向，锁定调查目标，从而节约警力，减少盲目工作。

十、屏障腿——消极防御

屏障腿的标准姿势是用双手形成一个环状，将左腿或右腿的膝盖抱住，表示防御、警惕、愤怒、紧张和拒绝的意思，如图9-11所示。在人们正常的沟通和交流中，抱膝的动作很少见，不过，这个动作一旦出现，其意义往往非常重要，需要认真分析。

图9-11　屏障腿

抱膝的动作会在身体前形成一个屏障，腿部悬空，脚面向前，是弹踢动作的准备状态。这样的动作具有一定的攻击性，手臂的动作完全闭合，在整个身体前形成了一个防中有攻、进退自如、牢不可破的防御屏障。屏障的作用就是将自己与外界隔绝开来，使自己处在一种比较安全的处境之下。因此，屏障腿的动作表明当事人对当前的情境产生了警觉和紧张，进而进入了防御状态，同时也表明当事人此刻缺乏安全感。

假如你在商务谈判中看到对方做出抱膝的动作，那么，这可能表明，你所提供的信息已经让对方感受到了威胁，因此，对方已经开始有所警觉；假如你和下属在一起聊天，你突然发现，他摆出了一个屏障腿的动作，这可能表示他对你所说的观点不太接受，此时，无论他说什么都不可信，而腿上语言才是最真实的。

图9-12　领地腿

十一、领地腿——我的地盘

就像狮子、老虎都要标识领地一样，人类在进化过程中，也常常以各种形式来标识自己的领地，拓展自己的安全心理空间。其中，通过腿部动作来拓展空间、标识领地就是一种最基本的方式，而领地腿就是最典型的一种腿部动作，其标准动作是：在保持坐姿的基础上，将双腿尽可能长地伸出去，以尽最大努力来拓展空间、标识领地，以显示自己的优越感和安全感，如图9-12所示。

从本质上讲，拓展现实空间只是表象，而赢得心理安全空间才是真实的目的。甄言堂曾经对48名男女分别进行测试,统计结果表明:普通成年男性的平均心理安全距离约为半径1.24米的空间范围,而普通成年女性的平均心理安全距离约为半径1.65米的空间范围。

人们常常会在自己的心理安全空间被侵占时,感觉非常压抑,并且高度警惕,从而产生拓展安全空间的心理冲动。比如,拥挤的公交车和电梯内,人与人之间的距离非常近,大家都非常警觉,随时注视着身边的人,一旦有人下去,乘客们就会立即走到一个比较宽敞的地方,好让自己处在一个相对宽敞的空间。其实,这样做最大的好处就是解除自己内心的警觉状态,好让身心都放松下来。

对于凶猛的哺乳动物来说,标识的领地越大,表明其拥有的控制权越多,拥有的交配机会越多,拥有的生活资源越多,其内心的安全感也就越多,死亡焦虑的体验也就越少。在人类进化的过程中,这一自然规律一直对人有一种潜移默化的影响。在日常生活的交流中,我们经常可以看到,人们会在不知不觉中将自己的双腿伸出去,或将自己的双臂伸展开来。这些动作虽然有放松身体的意思,但同时也都具有拓展空间,以获得心理上的占有感和支配权,进而催生心理上的安全感的作用。

后 记

分析肢体语言要处理好三种关系

如果你仔细地阅读完了本书,并且准备开始阅读这篇后记,那么,首先请接受我的祝贺,祝贺你走完了肢体语言分析的全程。此时的你,可能已经对肢体语言分析兴趣浓浓、信心满满、跃跃欲试了。别急!我得给你泼一盆冷水!如果在这盆冷水的"洗礼"之后,你仍然是热情高涨、信心满怀,那么,你就可以真正大胆地去分析肢体语言了。

读完本书中所有的内容之后,很多人会认为这些技术简单、方便、实用,可能会立即想在现实中尝试,但结果可能会发现,有一些结论比较准确,而另一些结论则略有差异,甚至还有一些结论完全错误。这到底是怎么回事呢?如何才能真正让肢体语言分析技术服务于我们的生活和工作呢?我觉得,最重要的是大家在运用我所讲的这些技术前,一定要处理好三种关系。

首先，是记住与忘记的关系。尽管我在写作的过程中，先后做过许多实验，进行过许多调查，但我仍然非常遗憾地告诉大家，这些调查研究的结论并非放之四海而皆准的真理。如果在具体的分析中，你总是拿书中的结论去与现实对比，你会发现，你经常出错，经常碰壁。这是因为你犯了按图索骥的错误，这是学肢体语言分析技术的大忌。其实，学习本书最重要的不仅仅是记住书中的分析结论，更重要的是要掌握书中所讲到的理念和方法。在分析每一个肢体语言之前，要尽可能记住书中所提到的各种可能的结论，但在具体分析的时候，却要将它们全部忘记，用心去感受、用心去观察、用图式去分析，忘记标准答案，你才能得出真实结论。这是一种境界，并非人人都能做到，但是你必须朝着这个境界不断迈进，唯有如此，才能在肢体语言分析中有所突破。

其次，是技术与艺术的关系。在许多人看来，肢体语言分析是一门高超而又神秘的心理技术，我却不这样认为。在我看来，肢体语言分析是一门技术，但更是一门艺术。技术可以被标准化且具有极强的可操作性，本书中所提到的技术都完全具备这一特点，无论你是什么样文化背景的人，只要你认真学习加勤于实践，就一定能掌握书中所提到的技术。但艺术却对一个人的文化修养、理论功底、人格魄力、思维方式等各个方面都有要求。只精于技术的人，往往不一定能将技术发挥到极致，而如果将其视为艺术，你将会到达另一个境界，艺术的视角将帮助你将技术发挥得淋漓尽致。

最后，是"可能"与"就是"的关系。本书所提到的所有技术，并不是每一个都绝对准确，我必须实事求是地向大家坦白这一点。这些结论多半是综合了古今中外的研究成果，并结合甄言堂研究人员体验和分析得出来的，有一定的科学性和可信度，但绝对不是万无一失的真理。这些结论只是为大家的思考和分析提供了一个独特视角，为大家深刻认识他人提供了一种新的可能，我们可以由此得出某一种结论。但这个结论一定是"可能"或"很可能"，如果你把它当作"就是"或"肯定是"，那么，你可能犯了教条主义的错误。这是万万使不得的。

如果你觉得我说的有道理，不妨耐着性子，静下心来，重新再将本书读一遍，一定会茅塞顿开，豁然开朗！

王 逸

2021年9月28日于甄言堂

参考文献

[1]　[英]达尔文.人类和动物的表情[M].周邦立,译.北京:北京大学出版社,2009.

[2]　[美]D.M.巴斯.进化心理学(第二版)[M].熊哲宏、张勇、晏倩,译.上海:华东师范大学出版社,2007.

[3]　[美]库恩.心理学导论——思想与行为的认识之路(第九版)[M].郑钢等,译.北京:中国轻工业出版社,2004.

[4]　[美]斯滕伯格.认知心理学(第三版)[M].杨炳钧、陈燕、邹枝玲,译.北京:中国轻工业出版社,2006.

[5]　[美]Curt R. Bartol、[美]Anne M. Bartol.犯罪心理学(第七版)[M].杨波、李林等,译.北京:中国轻工业出版社,2014.

[6]　[英]亚伦·皮斯、[英]芭芭拉·皮斯.身体语言密码[M].王甜甜、黄佼,译.北京:中国城市出版社,2007.

[7]　[美]乔·纳瓦罗、[美]马文·卡尔林斯.FBI教你破解身体语言[M].王丽,译.长春:吉林文史出版社,2009.

[8]　[美]保罗·艾克曼.情绪的解析[M].杨旭,译.海口:南海出版公司,2008.

［9］［美］利奥波德·贝拉克、［美］萨姆·辛克莱尔·贝克.解读面孔（第二版）［M］.蔡曙光，译.北京：社会科学文献出版社，2009.

［10］［英］理查德·怀斯曼.59秒［M］.冯杨，译.太原：山西人民出版社，2009.

［11］［美］约翰·华生.行为心理学：一个伟大心理学家的思想精华［M］.刘霞，译.天津：天津人民出版社，2022.

［12］梅锦荣.神经心理学［M］.北京：中国人民大学出版社，2011.

［13］刘立祥.演讲学十一讲［M］.西安：陕西人民出版社，2010.

［14］叶奕乾、何存道、梁宁建.普通心理学（修订版）［M］.上海：华东师范大学出版社，2004.

［15］刘懿.身体语言密码［M］.昆明：云南人民出版社，2005.

［16］朱新秤.进化心理学［M］.上海：上海教育出版社，2006.

［17］［奥］弗洛伊德.弗洛伊德文集（第一版）［M］.长春：长春出版社，2004.

［18］［清］曾国藩.冰鉴［M］.哈尔滨：北方文艺出版社，2011.